하루 이야기 한 편

우리
아기를 위한
시간

하루 이야기 한 편

우리
아기를 위한
시간

오선화 글 · 수아 그림

담푸스

목차

아기에게 이야기를 건네는 것이
가장 귀한 선물입니다.

저의 배 속에 첫째 아이가 있을 때, 《성경태교동화》를 쓰게 되었습니다. 그 때, 제 마음 상태는 그리 좋지 못했습니다. 많은 갈등과 우울을 담고 있었지요. 생활 또한 넉넉하지 않았습니다. 제가 아기에게 해 줄 수 있는 것이라고는 그저 이야기를 건네는 것뿐이었습니다. 고난이 축복이 된다고 했던가요? 저는 그렇 게 이야기를 건네며 아기가 저에게 온 것이 얼마나 큰 행복인지, 얼마나 큰 기 적인지 깨닫게 되었습니다.

저는 입에서 나오는 친근한 말 그대로 아기에게 이야기를 건넸습니다. 그리 고 그대로 책에 담았습니다. 제 동화의 특징인 '입말체'도 그때 만들어진 것이지 요. 어떤 미사여구나 문장력보다 중요한 것은 '엄마의 말'이라고 생각했습니다. 그리고 그 생각은 지금도 변함이 없습니다. 저는 아이에게 값비싼 옷을 사 주는 것보다, 좋은 학원에 보내는 것보다 끊임없이 대화를 하는 것이 더욱 중요하다 고 생각합니다.

제 딸이 태어나고 그런 생각을 했습니다. 배 속에서 들었던 엄마의 사랑과 그 사랑이 담긴 말을 기억하고 있는 것 같다고 말이에요. 딸은 태어나서도 배 속에서 들려주었던 이야기를 들으면 울음을 그치거나 반응을 보였습니다. 초등학생이 된 지금도 배 속에서 들었던 이야기를 들려 달라며 조르기도 합니다. 저는 그 모습을 보며, 태교동화는 아기가 태어나서도 계속 되어야 한다는 생각이 들었습니다. 비단 배 속에서 뿐만 아니라 출산해서도, 육아 중에도 아기에게 끊임없이 이야기를 건네야 한다는 생각을 한 것이지요.

이 책을 읽으시는 분들도 아기와 많은 이야기를 나누셨으면 좋겠습니다. 어떤 부모라도 더 좋은 선물을 주고 싶고, 더 잘 키우고 싶은 마음이 있지요. 더 비싼 걸 사 주지 못하고, 더 좋은 환경에서 키우지 못한 게 미안하기도 하지요. 하지만 그런 마음들을 넘어 이야기를 건네 주셨으면 좋겠습니다. 다른 물건들은 값을 치를 수 있지만, 이야기를 건네는 것은 값을 치를 수 없을 만큼 귀한 선물입니다. 꼭 그 귀한 선물을 건네십시오. 배 속에서도, 태어나서도, 자라면서도 아이는 그 사랑을 느낄 것입니다.

앞으로 태어날 아기와, 아기가 태어나면서 부모로 다시 태어날 여러분을 함께 축복하고 사랑합니다.

2014년 봄, 오선화.

01
사랑의 향기가 나는
이야기야

아기에게 자연스럽게 이야기를 건네주세요

이야기의 시작과 마지막에 태담이 들어 있어요. '시작 태담'은 자연스럽게 자신의 이야기를, '마무리 태담'은 동화에 대해 이야기할 수 있도록 배치해 두었어요. 태담이 어색한 분들을 위한 배려이지만, 자연스럽게 다른 이야기를 하실 수 있는 분들은 자유롭게 하셔도 됩니다.

마음의 문을 여는 돌

아주 먼 옛날, 한 청년이 여행을 하고 있었어. 가방 하나를 둘러메고 목적지도 정하지 않고 여기저기 둘러보았어. 산을 넘기도 하고 강을 건너기도 했지. 푸른 잔디밭에 벌러덩 눕기도 하고, 나무 그늘에서 쿨쿨 잠을 자기도 했어. 그러던 어느 날이었지. 작은 언덕을 넘으니 이름 없는 마을이 나왔어. 이름 없는 마을을 지나니 또 새로운 마을이 나왔지. 마을 입구에는 '마음 마을'이라고 써 있었어.

"마음 마을이라……. 마을 이름이 참 예쁘네."

청년은 이렇게 말하고 한참을 돌아다녔
어. 그리고 해가 어둑어둑 질 때쯤 한 집의
문을 똑똑 두드렸지.

"저기요, 여행객인데요, 혹시 하룻밤만
묵어갈 수 있을까요?"

청년은 집 안까지 들릴 정도로 큰 소리
로 말했는데, 아무도 문을 열어 주지 않았
어. 할 수 없이 옆집으로 갔지. 청년은 다시
문을 똑똑 두드렸어.

"저기요, 여행객입니다. 혹시 하룻밤만 재워 주실 수 있을까요?"

청년은 또 큰 소리로 말했는데, 아무도 문을 열어 주지 않았어. 몇
집을 돌아다녔을까? 청년의 다리에 힘이 풀릴 때까지 아무도 문을 열
어 주지 않았어. 청년은 걱정되기 시작했지.

"어쩌지, 오늘은 그냥 풀밭에서 자야 하는 건가?"

청년은 털썩 주저앉으며 혼잣말을 했어. 그리고 무심코 옆을 보았
는데, 표지판이 보이는 거야. 그 표지판에는 '지혜의 집'이라고 써 있

었어. 저건 뭐지? 청년은 궁금한 마음에 일어나서 표지판 앞으로 갔
지. 표지판 뒤에 연두색 문이 보였어. 청년은 문을 똑똑 두드리며 물
었어.

　"저기요, 여행객입니다. 혹시 하룻밤만 재워 주실 수 있나요?"

　청년이 소리를 지르니 지혜의 집에서 할아버지가 나와서 물었어.

　"청년, 무슨 일인가?"

청년은 할아버지에게 소곤소곤 이야기했어. 할아버지는 잠자코 이야기를 듣더니 하얀 돌을 하나 건네주며 말했지.

"이걸 들고 다시 가서 문을 두드리게나. 그럼 문을 열어 줄 것이네."

청년은 그 말이 믿기지는 않았지만 그래도 한번 시도해 보기로 했어. 하얀 돌을 들고 아까 두드렸던 집의 문을 두드렸지.

"저기요, 여행객입니다. 혹시 하룻밤만 재워 주실 수 있나요?"

청년은 아까처럼 큰 소리로 말했어. 그런데 이게 웬일이야? 정말 문이 열리고 사람이 나와서 말했지.

"네, 들어오세요."

청년은 너무 신기해서 "아, 잠시만요. 저쪽에 놓고 온 게 있어서 가지고 다시 오겠습니다."라고 말한 후에 그 옆집으로 갔어. 다시 하얀 돌을 들고 문을 두드렸지. 그런데 이번에도 문을 열고 사람이 나와서 들어오라고 하지 뭐야. 청년은 도대체 이 돌이 무엇인지 궁금해졌어. 그래서 다시 지혜의 집으로 갔지. 똑똑 문을 두드리니 할아버지가 나왔어. 청년은 물었지.

"할아버지, 도대체 이 돌이 무슨 돌인데 사람들이 문을 열어 주는 거죠?"

할아버지는 활짝 웃으며 말했지.

"그 돌의 이름은 '사랑'이라네. 아무리 꼭 닫힌 마음의 문이라도 사랑만 있으면 활짝 열리는 법이지."

"아, 사랑이요."

청년은 돌을 보며 고개를 끄덕였어. 사랑……. 마음의 문을 여는 돌은 사랑인 거야.

마무리 태담

아가야, 사랑이었네. 마음의 문을 여는 돌의 이름은 '사랑'이었어. 우리도 잊지 말아야겠다. 우리 서로 마음의 문이 닫혔을 때 꼭 사랑을 들고 문을 두드려야 한다는 것. 평소에도 사랑을 들고 서로를 대해야 한다는 것. 우리는 사랑으로 뭉쳐야 한다는 것. 잊지 말자. 사랑한다, 우리 아가.

청년과 공주가 결혼할 수 있을까?

시작 태담

자신의 사랑 이야기, 혹은 자신이 알고 있는 아름다운 사랑 이야기를 해 주세요.

아주 먼 옛날, 이스라엘이라는 나라에 솔로몬이라는 임금님이 있었어. 솔로몬 임금님은 백성들을 잘 돌보고 나라를 잘 다스렸어. 아주 훌륭한 임금님이었지.

"임금님, 이제 좀 쉬시지요."

신하가 말해도,

"아니다. 우리 백성들이 더 잘 사는 방법을 찾아봐야지."

라고 말하며 쉴 새 없이 백성들을 위해 일했어. 그러다가 잠깐 방에서 쉬는 날이면, 공주를 불렀지.

"아빠!"

공주가 임금님을 부르면 임금님은 피로가 싹 풀리는 것 같았어.

"우리 딸의 목소리를 들으면 힘이 솟는구나."

"나도 아빠가 좋아요!"

"말도 어쩜 이렇게 예쁘게 하는지……. 이리 오너라. 한번 안아 보자."

공주는 임금님에게 달려가 폴짝 뛰어서 안겼어. 임금님은 공주를 안고 머리를 쓰다듬으며 생각했어.

'우리 공주가 예쁘게 자라면 훌륭한 청년을 골라서 짝을 지어 줘야지.'

그러던 어느 날, 쿨쿨 잠을 자던 솔로몬 임금님은 깜짝 놀라며 벌떡 일어났어. 공주가 어떤 청년과 결혼하는 꿈을 꾸었는데, 그 청년의 차림새가 너무 초라해서 깜짝 놀라며 잠에서 깬 거야.

'안 돼. 사랑하는 공주를 그런 가난뱅이랑 결혼시킬 수는 없지.'

임금님은 그저 꿈일 거라고 생각했지만 자꾸만 꿈이 떠올랐어.

혹시라도 진짜 그런 청년과 결혼을 하는 날이면 그 슬픔을 견디기
힘들 것 같았지. 임금님은 신하들을 불러서 명령했어.

"궁궐에서 멀리 떨어진 곳에 높은 성을 쌓아라."

"네, 임금님."

신하들은 열심히 성을 쌓았어. 하루, 이틀, 사흘, 나흘……. 한 달,
두 달, 석 달……. 여러 날이 지나고 드디어 성이 완성되었지.

"임금님! 성이 완성되었습니다."

"그래, 그럼 공주를 데려가 그곳에 묵게 하고 나 이외에 다른 남자
는 절대로 들어올 수 없게 하여라."

"네, 임금님!"

신하들은 임금님의 명령대로 했어.

'이제 멋진 청년을 빨리 찾아야지.
그때까지 우리 공주가 다른 청년과
사랑에 빠지는 일은 없을 거야.'

임금님은 생각했어.

한편, 어느 황무지에 길을 잃고 헤매는 한 청년이 있었어. 착한 마음씨를 가진 청년이었지만 나쁜 사람에게 집과 돈을 빼앗겨 빈털터리가 되었지. 청년은 먼 친척 집을 찾아가다가 길을 잃었어. 이리저리 헤매다가 땅바닥에 철퍼덕 쓰러지고 말았지.

"아, 배고프고 추워서 견딜 수가 없구나."

청년은 혼잣말을 하고 일어나 더 걸어갔어. 어느 순간 저 앞에 무언가가 보였지. 다가가서 살펴보니 웬 사자 가죽이 떨어져 있지 뭐야.

"추운데 잘됐다. 우선 이걸 덮고 잠을 좀 자야겠어."

청년은 사자 가죽을 덮고 풀밭에 누워 스르르 잠이 들었지. 다음 날 아침이 될 때까지 잠을 잤어. 그리고 아침에 해가 떠오를 때 부스스 일어났지.

"벌써 아침이구나."

청년은 자리에서 일어나려고 사자 가죽을 걷었어. 그런데 그때였어. 커다란 독수리가 하늘을 훨훨 날다가 쏜살같이 내려가 청년을 낚아챈 거야. 청년은 놀라기도 하고 두렵기도 해서 눈을 꼭 감고

있었어. 독수리는 어디론가

멀리 날아갔지. 얼마나 날았을까?

독수리는 청년을 툭 떨어뜨리고 또 멀리 날아갔어.

"어머!"

공주가 깜짝 놀라 소리를 질렀어. 왜 공주가 소리를 지르냐고? 청년이 떨어진 곳이 바로 공주가 사는 성의 정원이었거든.

얼마 후, 궁궐에서는 성대한 결혼식이 열렸어. 바로 공주와 청년의 결혼식이었지. 공주와 청년은 금세 사랑에 빠졌고, 임금님은 그 청년을 보고 깜짝 놀랐대. 자신의 꿈에 나왔던 청년과 아주 비슷했거든.

"아빠, 결혼하게 해 주세요."

임금님은 딸의 부탁에 고민했지. 하루, 이틀, 사흘, 나흘……. 고민하다가 결정했대. 공주와 청년을 결혼시키자고 말이야. 그리고 결혼식 날, 임금님은 결혼식에 참석한 사람들에게 이렇게 말했대.

"내 딸과 사위는 하나님이 정해 주신 짝입니다. 성에서 혼자 지내고 있는 공주가 사위를 만나게 된 것을 보고 생각했지요. 하나님의 깊은 뜻을 사람인 내가 막을 수는 없다고요. 이 둘의 결혼을 여러분도 한마음으로 축복해 주시기 바랍니다."

하객들은 짝짝짝 손뼉을 쳤고, 공주와 사위는 서로를 보며 웃었지. 그리고 둘은 오래오래 행복하게 살았대.

마무리 태담

아가야, 행복한 결혼식이다. 예쁜 드레스를 입은 공주는 참 예뻤을 거야. 청년도 멋진 신사복을 입은 늠름한 신랑이었을 거야. 그리고 나중에 우리 아가 같은 예쁜 아가도 낳았겠지? 물론 우리 아가가 훨씬 더 예쁘겠지만 말이야.

할아버지는 과일나무를 심으셨지

시작 태담

할머니나 할아버지에 대한 이야기를 해 주세요.
혹은 좋아하는 과일에 대해 이야기해 주셔도 됩니다.

진이는 기지개를 쭉 켜면서 일어났어. 그리고 주위를 둘러보았지.

"어, 여기가 어디였지?"

진이가 혼잣말을 하고 다시 둘러보는데, 아하! 딱 생각이 났네.

"우리 예쁜 공주님, 이제 일어났어?"

할아버지가 벙긋 웃으며 물었지.

"할아버지, 나는 할아버지 집에 온 걸 까먹고 있었어."

"허허, 그새 까먹었어?"

"응, 자고 일어나니까 헷갈렸어."

"그럼 이제 알아?"

"응, 엄마가 할아버지 집에서 놀다 오라고 데려다 주고 갔잖아."

"허허, 맞네. 우리 공주님이 아주 똑똑해요."

할아버지는 벙실벙실 웃고, 진이는 엉글엉글 웃었어.

"그럼 이제 할아버지랑 뒤뜰에 나가자!"

"뒤뜰에는 왜?"

"나무 심으러 가기로 했잖아."

"아, 맞다!"

진이는 할아버지를 따라 뒤뜰로 갔어. 새벽에 부슬부슬 비가 와서 땅이 촉촉했고, 살랑살랑 바람이 불었지. 나무 심기에 딱 좋은 날씨였어. 할아버지는 뒤뜰에 어린 과일나무를 심었어.

"자, 이제 다 됐다. 땅을 꾹꾹 눌러 볼까?"

"응, 할아버지."

진이는 할아버지를 따라 땅을 꾹꾹 밟았어.

"자, 이제 정말 다 됐다."

　"할아버지, 이 나무에서 언제쯤 과일을
딸 수 있어?"

　"우리 예쁜 공주님이 커서 시집을 가고
예쁜 딸을 낳을 때쯤에 아주 맛있는 과일을
딸 수 있을 거야."

　할아버지의 대답에 진이는 폴짝폴짝 뛰면서 손뼉
을 쳤어.

　"우와! 신난다. 할아버지, 그럼 그때 내가 이 나무에서 가장 예쁘고
맛있는 과일을 따서 할아버지한테 줄게."

　할아버지는 손사래를 치며 말했어.

　"진이야, 그건 아니야."

　"왜요, 할아버지?"

　"저길 봐라. 저기 과일이 풍성하게 열린 과일나무가 있지?"

　할아버지가 손가락으로 가리키는 곳에는 정말 풍성하게 과일이 열
린 과일나무가 있었어. 진이는 그 과일나무를 보며 고개를 끄덕였지.
할아버지는 이어서 말했어.

"저 나무는 내가 진이 만했을 때 내 할아버지께서 심어 주신 과일나무란다. 나는 그와 같은 일을 하는 것뿐이지. 내가 지금까지 저 나무에서 열매를 따서 먹는 것처럼 너도 지금 심는 나무에서 오래도록 열매를 따서 먹어라. 할아버지는 그걸 위해서 나무를 심은 거란다. 널 위해서 말이다."

"알았어요, 할아버지. 그럼 나도 열매를 맛있게 따서 먹고, 할머니가 되면 이렇게 나무를 심을게요."

"허허, 맞네. 우리 예쁜 공주님이 아주 똑똑해요."

할아버지는 벙실벙실 웃고, 진이는 엉글엉글 웃었어.

아저씨는 소를 소중히 여겼던 거야

시작 태담

살면서 가장 소중하게 여겼던 물건에 대해 이야기해 주세요.

어느 마을에 아주 행복하게 사는 칠봉이네 가족이 있었어. 칠봉이네 엄마, 아빠는 농사를 지으면서 오순도순 행복하게 살았지. 이 부부에게는 아들이 하나 있었는데, 이름이 뭘까? 그래, 이미 정답이 나왔지? 맞아, 그 아들의 이름은 칠봉이었어. 칠봉이는 뭐든지 스스로 해냈어. 칠봉이가 어렸을 때부터 엄마랑 아빠는 스스로 할 수 있는 과제를 하나씩 주었거든. 처음에 내 준 과제는 머리를 빗는 거였어. 빗으로 머리를 잘 빗으면 엄마가 칭찬을 해 주었지.

"우리 칠봉이, 머리를 아주 잘 빗었네. 참 잘했어요."

칭찬을 받은 칠봉이는 방긋 웃었지. 마음까지 환해졌어. 칠봉이가 조금 더 컸을 때는 옷을 혼자 입었고, 조금 더 컸을 때는 학교에 혼자 갔어. 그리고 오늘 또 새로운 과제를 준다고 해서 설레는 마음으로 기다리는 중이야. 마침 엄마, 아빠가 들어오셔서 칠봉이는 뛰어 나가 인사를 했어.

"엄마 아빠, 안녕히 다녀오셨어요?"

"그래, 잘 다녀왔다."

아빠가 대답하고,

"우리 아들, 오늘도 최고로 멋있네."

엄마가 대답했어.

"감사합니다. 저 이제 뭐 하면 돼요?"

칠봉이가 묻자,

"많이 궁금했구나. 이제 가르쳐 줄게. 여기 앉아서 얘기하자."

엄마가 말했지.

엄마랑 아빠는 칠봉이와 함께 앉아서 다정하게 말했어.

"칠봉아, 내일 장에 다녀오너라. 누렁소를 시장에 팔고 오는 것이 이번 과제다."

엄마가 말했고,

"시장에 가면 먼저 소값으로
은화 열 냥을 불러라. 그래
도 안 팔리면 은화 다섯
냥을 불러라."

아빠가 말했지.

"그래도 안 팔리면요?"

칠봉이가 물었고,

"그땐 네가 알아서 해."

엄마가 말했지.

"알겠습니다."

칠봉이는 고개를 끄덕이며 대답했어.

다음 날이 되었지. 칠봉이는 누렁소를 끌고 시장으로 갔어. 그리고
한쪽에 자리를 잡은 후에 외쳤지.

"소 팝니다! 소 팔아요! 은화 열 냥에 소 팝니다!"

칠봉이는 목청껏 외쳤지만, 사람들은 누렁소를 거들떠보지도 않았
어. 칠봉이는 머리를 긁적이며 생각했어.

'너무 비싼 건가? 아빠 말씀대로 값을 내려야지.'

칠봉이는 목소리를 가다듬고 다시 외쳤지.

"소 팝니다! 소 팔아요! 은화 다섯 냥에 소 팝니다!"

그런데 이게 웬일이야? 여전히 사람들은 한 명도 거들떠보지 않았어. 그때였어. 옆에서 지켜보고 있던 닭 장수가 나섰지. 닭 장수는 이미 닭을 다 팔고 돌아가려던 길이었어.

"여보게, 그렇게 하면 누가 소를 사겠나? 아무리 팔러 나왔지만, 소를 소중히 여기는 마음이 있어야 하지 않겠나?"

"소중히 여기는 마음이요?"

"그래, 내가 도와줄 테니 잘 보게."

닭 장수는 누렁소를 쓰다듬으며 사람들을 향해 외쳤어.

"자아, 여러분! 최고의 암소를 소개합니다. 이 암소는 얼마나 귀한지 모릅니다. 우유를 엄청나게 많이 짤 수 있습니다. 하지만 다른 소에 비해 사료를 아주 조금 먹습니다. 순해서 기르기도 쉽지요. 이 최고의 암소를 말도 안 되는 가격, 은화 사십 냥에 팔겠습니다."

그러자 이게 웬일이야? 지나가던 사람들이 몰려들기 시작했어.

"아니, 이렇게 귀한 암소를 그렇게 싸게 팔아도 되나요?"

한 사람이 물었고, 닭 장수는 대답했지.

"그러게요. 저도 안타까울 따름입니다."

칠봉이는 어리둥절한 표정으로 그 모습을

바라보며, 조금은 알 것 같았대.

소중히 여기는 마음을 말이야.

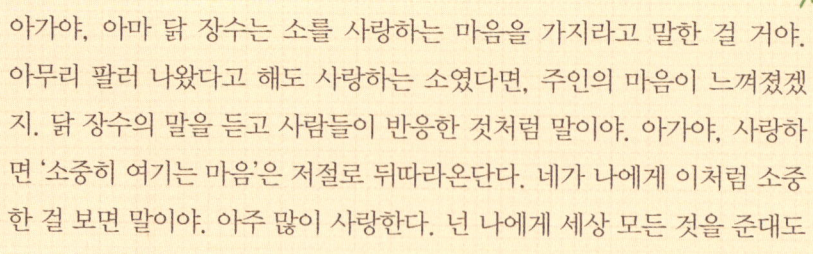

마무리 태담

아가야, 아마 닭 장수는 소를 사랑하는 마음을 가지라고 말한 걸 거야.
아무리 팔러 나왔다고 해도 사랑하는 소였다면, 주인의 마음이 느껴졌겠
지. 닭 장수의 말을 듣고 사람들이 반응한 것처럼 말이야. 아가야, 사랑하
면 '소중히 여기는 마음'은 저절로 뒤따라온단다. 네가 나에게 이처럼 소중
한 걸 보면 말이야. 아주 많이 사랑한다. 넌 나에게 세상 모든 것을 준대도
바꾸지 않을 만큼 소중한 사람이야.

누가 공주의 남편이 될까?

시작 태담

시골에 놀러 가 본 경험이나, 외가나 친가에 가서 재미있게 놀았던 경험에 대해 이야기해 주세요.

아주 먼 옛날, 어느 나라의 시골 마을에는 삼 형제가 살고 있었어. 삼 형제는 각각 신기한 보물을 하나씩 갖고 있었지. 첫째는 아무리 먼 곳에 있는 물건이라도 다 볼 수 있는 마법의 망원경을 가지고 있었어. 둘째는 하늘을 날 수 있는 마법의 양탄자를 가지고 있었지. 그리고 막내는 어떤 병이라도 낫게 할 수 있는 마법의 사과를 가지고 있었어. 첫째는 심심하면 망원경을 꺼내서 여기저기를 보았어.

"둘째야, 막내야! 저기 봐라. 진짜 맛있어 보이는 떡이 있다."

"형, 어디?"

둘째가 달려가 망원경을 빼앗아서 보았지.

"아, 저기 보이는 떡 말이지? 진짜 맛있어 보인다."

"그럼 형이 가서 가지고 와."

마법의 사과를 반질반질 닦고 있는 막내가 말했지. 첫째는 한심한 듯 막내를 쳐다보며 말했어.

"저걸 어떻게 가져오니? 저건 건너 건너 마을에 있는 거야."

"아, 맞다. 그 망원경은 마법의 망원경이었지."

막내는 머리를 긁적이며 말했고, 둘째는 그 모습을 보고 피식 웃으면서 말했어.

"넌 내 동생이지만 너무 귀여운 것 같아. 우리 괜히 먹지도 못하는 떡만 보지 말고, 하늘 좀 날다 오자."

첫째와 막내는 고개를 두 번 끄덕이며 서로를 보더니 양탄자에 껑충 뛰어올랐어. 둘째가 그 모습을 보고 양탄자를 한 번 탁 치자, 양탄자가 훨훨 날아오르기 시작했어. 삼 형제는 뭉게구름 사이를 날아다니며 깔깔깔 웃었지. 삼 형제는 이렇게 매일 즐겁게 지냈어. 그러던 어느 날이었어. 망원경을 들여다보던 첫째가 궁궐 앞에 붙은 종이를 보게 되었지.

공주가 심한 병에 걸렸으니, 공주의 병을 낫게 해 주는 사람은
사위로 삼을 것이다. 그리고 훗날 이 나라를 물려줄 것이다.

－임금

첫째는 동생들을 불러서 그 종이를 보라고 말했어. 둘째와 막내는 망원경을 번갈아 보며 "와!" 하고 탄성을 질렀어.

"우리가 가서 공주님의 병을 고쳐 주자!"

첫째가 말했고, 동생들은 고개를 끄덕거렸어. 삼 형제는 얼른 궁궐로 떠날 채비를 했지.

"자, 준비되었으면 얼른 타!"

둘째의 말에 첫째와 막내는 얼른 양탄자에 올라탔어.

"자, 그럼 출발이다!"

둘째가 양탄자를 한 번 탁 치면서 외쳤고, 첫째와 막내는 "와!" 하고 탄성을 질렀어. 삼 형제는 뭉게구름을 지나고 뜨거운 태양을 피해서 푸른 하늘 위를 날아갔어. 그리고 금세 궁궐에 도착했지. 삼 형제는

궁궐을 보며 감탄했어. 그리고 둘째가 양탄자를 둘둘 말면서 말했지.

"막내야, 이제 네 차례야."

"알겠어, 형."

막내는 문지기에게 말했어.

"우리는 공주를 구하러 왔습니다."

문지기는 문을 열어 주었지. 막내는 마법의 사과를 꺼내서 궁궐로 터벅터벅 들어갔고, 첫째와 둘째는 그 뒤를 따라갔어. 궁궐 안에는 병든 공주가 침대 위에 누워 있었어. 막내는 하인에게 마법의 사과를 주며 공주에게 먹이라고 말했지. 하인은 막내가 시키는 대로 했어. 임금과 삼 형제는 그 모습을 지켜보고 있었지. 공주는 사과를 힘없이 한

입 베어 먹었어. 그런데 바로 공주의 얼굴빛이 밝아지기 시작했지. 공주가 침대에서 부스스 일어났어. 공주는 몇 달 만에 처음으로 일어나 앉았지. 일어나 걷기도 하고 빙그르르 돌아 보기도 했어.

"임금님, 정말 공주님의 병이 나았나 봐요."

하인이 말했지.

"그래, 내 눈에도 그렇게 보이는구나. 우리 잔치를 시작하자."

임금님은 삼 형제를 위해 큰 잔치를 베풀어 주었어. 궁궐에는 즐거운 음악이 넘쳐흘렀지. 궁궐 안의 사람들은 먹고 마시며 즐거워했어. 춤을 추기도 하고, 노래를 따라 부르기도 했지. 삼 형제도 먹고 마시며 노래하고 춤을 췄어. 그리고 저녁이 되어 임금님이 삼 형제를 불렀지.

"정말 이 은혜를 어떻게 갚아야 할지 모르겠구나. 너희 세 명 모두를 사위로 삼고 싶지만, 공주가 한 명이라 참 안타깝다. 너희 셋이 모두 힘을 합쳐서 공주를 구했으니 나는 누구를 사위로 삼아야 할지 모르겠구나."

임금님은 누가 양보해 주기를 바라면서 말했지. 하지만 양보를 하는 사람은 아무도 없었어. 첫째, 둘째, 셋째가 차례대로 자신이 사위가 되기를 바라는 마음으로 말했지.

"임금님, 공주님의 병을 고치는 데 가장 큰 공을 세운 사람은 접니다. 제 마법의 망원경이 없었다면 공주님이 병에 걸린 것도 몰랐을 테니까요."

"아닙니다. 공주님이 병에 걸린 걸 알았다 해도, 제 마법의 양탄자가 없었다면 이렇게 빨리 올 수 없었을 겁니다."

"임금님, 아무리 빨리 날아왔다고 해도 제 마법의 사과가 없었다면 공주님의 병을 고칠 수는 없었을 겁니다."

삼 형제의 말을 모두 들은 임금님은 더 깊은 고민에 빠졌어. 그렇게 한 시간, 두 시간, 세 시간이 지났지. 삼 형제는 임금님의 답을 기다리다가 끔벅끔벅 졸고 있었어. 그때, 임금님이 벌떡 일어나 큰 소

리로 말했지.

"결정했다!"

삼 형제는 깜짝 놀라서 벌떡 일어났어. 임금님은 말했지.

"마법의 사과를 가져온 막내를 사위로 삼아야겠다."

첫째가 억울한 마음으로 물었어.

"왜 그런 결정을 하셨나요?"

임금님은 대답했지.

"두 사람에게는 아직 보물이 남아 있다. 하지만 마법의 사과를 공주에게 준 막내는 이제 보물이 없지 않느냐. 나는 공주를 위해 자기 보물을 다 써 버린 막내를 사위로 선택한 것이다."

마무리 태담

아가야, 조금 안타까운 마음이 드네. 한 명이라도 양보를 했다면 참 좋았을 텐데……. 서로 자기가 공주와 결혼하겠다고 말하는 바람에 그동안 나눈 사랑이 사라진 느낌이잖아. 참 사랑하는 형제였는데 말이야. 욕심 때문에 사랑이 깨진 느낌이야. 우리는 약속하자. 어떤 상황에서도 사랑하며 살기로 말이야.

사이좋은 형제가 있었어

시작 태담

자신의 형제와 재미있게 놀았던 기억에 대해 이야기해 주세요.

옛날 어느 마을에 사이좋은 형제가 있었어. 결혼을 한 형은 아내와 아이들이 있었고, 동생은 아직 결혼을 안 해서 혼자 살고 있었지. 아침이면 형제는 서로 만나서 "잘 잤니?", "네, 형님도 잘 잤지요?" 하고 인사를 나누고 밭으로 갔어. 땀을 뻘뻘 흘리며 일을 하면서도 사이좋은 모습이었지.

"형님, 잠깐 앉았다 하세요. 제가 조금 더 할게요."

"아니다. 네가 먼저 쉬어라. 형이 조금 더 할게."

이런 대화를 나누며 일하는 형제를 보면 이웃 사람들도 덩달아 행복해졌어.

형제는 다음 날 아침에 또 서로 만나서 "잘 잤니?", "네, 형님도 잘 잤지요?" 하고 인사를 나누고 밭으로 갔어. 땀을 뻘뻘 흘리며 일하면서도 사이좋은 모습이었지. 그렇게 매일 똑같이 반복되는 일상 속에서도 형제는 행복했어. 그렇게 봄이 지나가고, 여름이 지나갔지. 아침에 만난 형제는 함께 밭으로 가면서 이야기를 나누었어.

"형님, 이제 제법 바람이 서늘하네요."

"그래, 울긋불긋 단풍도 보이고, 어느새 가을이 되었구나."

"네, 밀도 누렇게 잘 익었고 형님과 형수님과 조카들도 건강하니 참 행복한 가을입니다."

"그래, 네 덕분에 밀이 참 잘 익었어. 수고 많았다."

"수고는요, 형님이 더 많이 했죠."

형제는 밀을 보기만 해도 기분이 좋아졌어.

그리고 며칠 뒤에 추수를 시작했지. 밀을 다 거둬들인 형제는 밀을 똑같이 나누어서 각자 자신의 집으로 갔어. 밀을 창고에 쌓고는 뿌듯하게 바라본 뒤에 씻고 방으로 들어갔지. 그렇게 각자의 집에서 방으로 들어간 형제는 약속한 것처럼 똑같은 시간에 잠을 청했어. 그런데 둘 다 이상하게 잠이 오지 않았어. 이리저리 뒤척이던 형이 자리에서 일어나 앉았어.

'아무래도 아우에게 밀을 더 많이 줬어야 했는데, 괜히 똑같이 나눈 거 같아. 아우는 앞으로 결혼해서 새살림을 차려야 하잖아. 안 되겠어, 밀을 더 가져다줘야겠어. 그런데 내가 준다고 하면 아우가 받지 않을 텐데……. 그래, 그럼 지금 몰래 가져다주자.'

이렇게 생각한 형은 살그머니 밖으로 나와 창고로 갔어. 그리고 밀을 한 포대 짊어지고 동생의 집으로 갔지. 몇 번을 왔다 갔다 하며 밀을 날랐어.

'이만하면 도움이 될 거야. 그럼 이제 잠을 잘 수 있겠군.'

형은 상쾌한 기분으로 집에 돌아와 잠을 청했어. 그런데 잠이 오지 않았어. 이번에는 형 말고 동생이야. 동생이 이리저리 뒤척이다가 벌떡 일어나 앉았지.

'내가 잘못 생각했어. 형은 가족도 많은데 당연히 밀을 더 많이 가져가야지. 내일 가져다줄까? 아니야, 그럼 형이 받지 않을 거야. 그냥 지금 몰래 가져다주자.'

이렇게 생각한 동생은 밖으로 나와 창고로 들어갔지. 밀을 한 포대 짊어지고 형의 집으로 갔어. 그렇게 몇 번을 왔다 갔다 했지.

'음, 이 정도면 도움이 될 거야. 그럼 이제 가서 자도 되겠어.'

동생은 환하게 웃으며 집으로 들어갔지. 동생은 방에 들어가자마자 쿨쿨 잠이 들었어.

해님이 방긋 웃는 아침이 되었지. 형은 창고 앞에서 고개를 갸우뚱거리며 생각했어.

'이상하다. 내가 분명히 아우 창고에 몇 포대를 가져다 놓았는데, 왜 밀이 똑같지?'

바로 그 시간에 아우도 창고 앞에서 고개를 갸우뚱거리며 생각했지.

'이상하다. 내가 분명히 형 창고에 몇 포대를 가져다 놓았는데, 왜 밀이

똑같지?'

형제는 온종일 생각해도 이유를 알 수 없었어. 그리고 똑같이 결심했지.

'오늘 밤 아우에게 다시 가져다줘야겠어.'

'오늘 밤 형님에게 다시 가져다줘야겠어.'

달님이 빙그레 웃는 저녁이 되었지. 형과 동생은 서로 밀 포대를 짊어지고 나섰어. 형은 동생 창고로, 동생은 형 창고로 갔지. 형은 저쪽에서 누군가 걸어오는 소리를 들었어. 동생도 저쪽에서 누군가 걸어오는 소리를 들었어.

"이런 밤중에 누굴까?"

형은 혼잣말을 했지.

"이런 밤중에 누구지?"

동생도 혼잣말을 했어. 그리고 형이 먼저 물었지.

"거기 누구시오?"

동생은 형님의 목소리를 대번에 알아채고는 물었어.

"어, 형님이십니까?"

"어, 아우냐?"

형제는 서로를 발견하고 가까이 갔지. 그리고 형은 동생이 밀 포대를 짊어지고 있는 걸 보았지. 동생은 형이 밀 포대를 짊어지고 있는 걸 보았어. 형은 눈물을 글썽거리며 말했지.

"내가 왜 밀이 줄지 않았는지 알겠구나."

"형님, 저도 알겠습니다."

동생도 눈물을 글썽거리며 말했어. 형과 동생은 밀 포대를 내려놓고 서로를 얼싸안으며 말했지.

"아우야, 사랑한다."

"형님, 사랑합니다."

"아니야, 내가 더 사랑한다."

"아니에요, 제가 더 사랑합니다."

마무리 태담

아가야, 사이좋은 형제가 아니라, 사랑하는 형제였네. 하긴 그게 그건가? 사랑하니까 사이가 좋은 거고, 사이가 좋으니까 사랑하는 거겠네. 우리도 사랑하니까 사이좋게, 사이좋으니까 사랑하며 지내자. 보고 싶다, 우리 아가.

 사랑의 향기가 나는 이야기야 45

태담 태교

　태담은 배 속 아기에게 건네는 말이에요. 그러니까 아기에게 말을 건네면 '태담 태교'가 되는 것이지요. 사실 저는 모든 태교 중에서 '태담 태교'를 가장 중요하게 생각해요. 제가 태교동화를 쓰는 것도 태담이 자연스럽게 전달되기를 바라는 마음에서 시작되었어요.

　태담이 중요한 이유는 '인격'과 '대화'라는 키워드로 설명하고 싶어요. 저는 아기가 생겼다는 사실을 알았을 때부터, 그러니까 임신 초기부터 태담을 해야 한다고 생각해요. 아기는 생명이고, 인격이잖아요. 배 속의 작은 점이었을 때부터 이야기를 건넨다는 것은 하나의 인격으로 존중한다는 표현이지요. 그래서 '인격'이라는 키워드로 설명할 수 있는 거예요. 여러분도 '인격'이라는 키워드를 잊지 마시고, 아기에게 이야기를 건네 주세요.

또 하나의 키워드는 '대화'라고 말씀드렸지요. 대부분 가정의 문제 원인은 '대화의 부재'에 있어요. 행복한 가정에 관한 책을 보아도 '대화'의 중요성을 강조하지요. 태담 태교는 그토록 중요한 대화의 첫 시작이라고 보면 돼요. 배 속 아기에게 말을 건네다 보면 출산 후에도 아기에게 자연스럽게 말을 건네게 된답니다. 태담 태교로 첫 대화를 시작하셔서 출산 후에도, 육아 중에도 즐거운 대화가 많이 오고가는 가정이 되기를 바랄게요.

태담 태교, 어떻게 할까요?

1. 태명으로 불러 주세요.

아기의 태명을 지어 주셨죠? 저희 동서는 밤나무에서 밤이 떨어지는 태몽을 꾸었다고 '밤이'라고 태명을 지었더라고요. 어떤 태명이든 태명은 단순히 이름을 불러 주는 기능뿐 아니라 부모가 태아의 존재를 잘 느끼도록 해 줘요. 또한, 친밀감과 유대감을 갖게 하고, 태담을 습관화하는 데 도움이 된답니다. 그러니까 태담을 하실 때는 꼭 태명으로 다정하게 불러 주세요.

2. 아기에게 동의를 구해 주세요.

아기의 심장 소리 들어 보셨어요? 콩당콩당, 아기의 심장 소리를 처음 들던 날, 생명이라는 게 그렇게 경이로운 것인지 처음으로 알게 되었지요. 우리가 아직 직접 볼 수 없어도 아기는 생명이고 인격이에요. 육아를 할 때, 아이에게 "책 읽고 싶니?", "블록 가지고 놀까?" 등 질문을 하는 게 좋은데요. 그건 인격으로 인정하고 동의를 구하는 것이에요. 무턱대고 엄마가 하고 싶은 걸 들이대면 아기는 존중 받지 못하고 있다는 느낌을 받거든요. 하지만 배 속 아기에게 질문을 할 수가 없으니 대신 말을 해 주세요. "엄마 이제부터 동화 읽을게.", "엄마는 이제 장보러 갈 거야." 등 무엇을 하기 전에 먼저 아기에게 말을 해 준다면, 배 속에서부터 존중 받는 아기가 된답니다. 출산하고도 잊지 마세요. 아기는 아직 어리지만, 마땅히 존중 받아야 할 인격이라는 사실을요.

3. 태교동화로 이야기를 건네고, 느낌을 덧붙여 주세요.

태교동화는 읽는 것이 아닙니다. 이야기를 건네는 것이지요. 태담의 수단으로 태교동화를 이용하는 것이라고 생각하세요. 책을 읽으며 자기도 모르게 딱딱한 느낌이 들지 않도록 자연스럽게 이야기를 건네주세요. 제가 태교동화를 '입말체'로 쓴 것도 그런 이유랍니다. 이야기 한 편을 읽은 뒤엔 느낌을 덧붙여 주시면 좋아요. "이번 이야기는 정말 재미있었어.", "이 주인공을 생각하면 즐거운 느낌이 들어." 등 느낌을 덧붙여 주시면 더욱 자연스러운 태담을 나눌 수 있답니다.

4. 일상적인 수다를 나눠 주세요.

수다쟁이 엄마가 되어야 합니다. 아기와 수시로 이야기를 나누는 것이 가장 좋은 태교거든요. 태담을 나누는 시간을 정하지 마시고, 수시로 친구와 수다 떨듯이 태담을 해 주시면 됩니다. "아빠가 오늘 늦네. 빨리 오셨으면 좋겠다.", "엄마는 설거지가 싫지만, 그래도 지금부터 설거지를 할 거야.", "하늘이 정말 푸르다. 날씨가 참 좋아." 등 일상적인 이야기를 편하게 해 주세요.

5. 아빠 목소리가 더 좋아요.

아빠의 목소리가 엄마의 목소리보다 아기에게 더 잘 전달된다는 사실, 아시지요? 저주파수인 남자 목소리가 고주파수인 여자 목소리보다 복벽과 양수막을 더 잘 통과한다는 것이 실험으로 밝혀졌지요. 하지만 대부분의 아빠들은 쑥스러워 하는 경우가 많아요. 그래서 《아빠태교동화》라는 책을 썼지요. 아빠가 일주일에 한두 편이라도 태교동화로 이야기를 건넨다면 좋겠어요. 그리고 출근할 때나 퇴근할 때 아내에게 한 번, 아기에게 한 번 사랑의 인사를 건네주시면 더 좋겠어요. 물론 쉽지는 않지요. 그래도 아빠가 되는 건데, 이 정도는 노력은 하셔야 하는 거라고, 당당히 외쳐 봅니다.

02 활짝 웃는 네 모습을 보고 싶어

출산 후에도 태교동화를 읽는 것, 잊지 마세요.

배 속 아기에게 읽어 주었던 그림책을 출산 후에 읽어 주었더니, 그렇지 않은 아이보다 적극적인 반응을 보였다는 실험 결과가 있어요. 태교동화는 비단 배 속에서뿐만 아니라 태어난 뒤에도 읽어 주는 것이 아기의 정서에 긍정적인 효과를 준답니다. 함께 구성된 미니 그림책으로 읽어 주셔도 좋고, 태교동화 책을 그대로 읽어 주셔도 좋아요. 출산 후에도 아기와 책을 통해 대화를 나누는 것, 잊지 마세요.

의사 선생님은 솔직히 말했지

시작 태담

어렸을 때 주사를 맞고 울었던 경험이나 약이 먹기 싫다고 거부했던 경험, 혹은 최근에 병원에 갔던 경험에 대해 이야기해 주세요.

옛날 옛날에, 한마을에 사는 갑순이와 갑돌이가 있었어. 갑순이와 갑돌이는 서로 사랑했지. 서로를 만나러 가는 길이면 가슴이 두근거리고 피식피식 웃음이 나왔어. 만나서 이야기를 나눌 땐 시간이 가는 줄 몰랐지. 저녁이 되어 헤어질 때면 마음이 아쉬움으로 가득 채워졌어. "잘 가."라고 인사하면서도 헤어지기 싫어서 발걸음이 떨어지지 않았어.

"우리 결혼하자."

어느 날, 갑돌이가 말했지.

52

"그럴까?"

갑순이가 대답했어. 둘은 히죽 웃으며 손을 잡았지.

얼마 후에 갑돌이와 갑순이는 결혼했어. 둘은 정말 행복하게 살았어. 딸을 한 명 낳고, 아들도 한 명 낳았어. 갑돌이와 갑순이는 엄마와 아빠가 되었지. 아이들을 키우면서 힘든 일도 있었지만, 함께 잘 이겨냈어. 서로 싸우게 되는 날에는 갑돌이가 먼저 사과를 했어.

"여보, 내가 미안했어."

그러면 갑순이도 못 이기는 척 사과를 받아 주었지.

"알았어. 아이들 때문에 내가 봐주는 거야."

그러면 갑돌이는 헤벌쭉 웃었어.

갑순이와 갑돌이는 친구 같은 부부로 오랫동안 행복하게 살았어. 시간이 흘러 둘은 어느새 할머니와 할아버지가 되었어. 아들과 딸은 결혼했고, 손주도 두 명이나 생겼어. 그리 넉넉하게 살지는 않았지만, 그리 부족한 것도 없었지. 둘은 여전히 친구처럼 다정한 노인 부부가 되어 살고 있어. 우리, 두 사람이 어떻게 지내는지 보러 가자. 갑순이 할머니와 갑돌이 할아버지의 집으로 말이야.

　뽕뽕뽕, 이런 소리가 들리네. 무슨 소리냐고? 소리로는 잘 모르겠는데, 냄새가 나는 거 보니 방귀 소리인가 봐. 히히, 누가 방귀를 뀐 걸까?

　"아이고, 방귀 소리가 아주 우렁차네."

　할머니가 큰 소리로 말했어.

　"엥? 뭐라고?"

　할아버지가 잘 들리지 않아서 되물었지.

　"방귀 소리가 아주 우렁차."

　할머니는 더 큰 소리로 말했어.

　"방귀가 우렁이라고?"

　"아니, 방귀 소리가 아주 크다고!"

　할머니는 아주 큰 소리로 말했어.

　"내가 방귀를 뀌었어?"

　"아니, 자기가 방귀를 뀌었는지도 몰라?"

　"글쎄 말이야. 소리가 안 들려."

"소리가 안 들려도 방귀를 뀐 느낌이 나잖아."

"그렇지. 엉덩이가 들썩거리지. 그런데 소리는 안 들려."

"병원에 가 봐."

"병원에 가 봐야겠어."

"그래, 병원 가 보라고!"

"그러니까 병원에 가 봐야지."

할머니가 큰 소리로 얘기해도 할아버지는

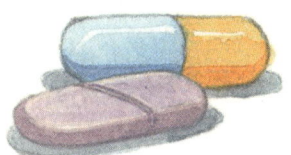

잘 듣지 못하고 혼잣말을 했어.

다음 날, 할아버지는 병원에 갔어. 의사는 진찰을 해 보더니 말했지.

"할아버지, 지금 연세보다는 아주 건강하십니다."

"선생님, 내가 귀가 어두워서 그러니 좀 크게 얘기해 주시오."

의사는 다시 큰 소리로 말했어.

"할아버지 연세에 비해서 건강하시다고요."

"아, 그런데 요즘 내가 귀가 어두워서 방귀 소리도 못 들어요."

"귀가 어두우신 건 연세가 많으셔서 그런 거예요. 하지만 할아버지,
지금 연세에 비하면 아주 건강하십니다. 제가 약을 드릴 테니 식사를
하신 후에 이 알약을 두 알씩 드세요. 아셨죠?"

선생은 할아버지에게 약을 주었어. 약을 받아든 할아버지가 물었지.

"아, 이 약을 먹으면 귀가 잘 들리나요?"

"할아버지, 귀가 안 들리는 건 연세가 드셔서 어쩔 수 없어요."

"그럼 이건 무슨 약입니까?"

"이건 방귀 소리가 크게 나는 약이에요."

"아, 그럼 이제 들을 수도 있겠군요. 알겠습니다. 고마워요."

할아버지는 꾸벅 인사를 하고 나왔지. 방귀 소리가 크게 나는 약을 꼬옥 쥐고서 말이야.

마무리 태담

아가야, 방귀 소리가 크게 나면 할머니가 더 깜짝 놀라겠다. 그런데 할아버지 귀에 정말 잘 들릴지는 모르겠네. 헤헤, 우리 아가는 태어나서 병원에 가는 일이 별로 없으면 좋겠다. 병원에는 자주 가지 말고 건강하게 오래오래 살아야 한다.

수의사의 거짓말이 들통 났지

시작 태담

좋아하는 동물에 대해 이야기해 주세요. 집에서 키웠던 반려동물에 대한
이야기도 좋아요.

야금야금.

양들이 풀을 먹고 있었어. 양치기 할아버지는 그 모습을 흐뭇하게
바라보고 있었지.

"예쁜 양들아, 많이들 먹어라."

할아버지의 말을 듣고 양들은 더 맛있게 풀을 뜯었지. 그런데 이상
하게 한 마리 양이 풀을 뜯지 않고 있는 거야. 할아버지가 그 양을 지
켜보았더니 어딘가 아픈 것 같은 느낌이 들었어.

"아무래도 안 되겠구나. 병원에 한번 가 보자."

할아버지는 그 양을 안고 병원으로 향했어.

"아프지 마라. 건강해야 한다."

할아버지는 양을 쓰다듬으며 병원으로 들어갔지.

"양이 아파서 오셨나요?"

수의사가 물었어.

"네. 어디가 아픈지, 입맛이 없는지 통 먹지를 않네요."

"그렇군요."

"네, 꼭 좀 고쳐 주세요. 나에게는 아주 소중한 양이라오."

"할아버지는 양이 많지 않으시던가요?"

"양이 많아도 한 마리 한 마리 다 소중한 거라오."

"알겠습니다. 염려 마시고 돌아가세요. 양은 내일 오셔서 데리고 가
시면 됩니다."

"네, 잘 부탁합니다."

할아버지는 의사의 말을 듣고
돌아갔어.

부스스.

다음 날, 할아버지는 아침 일찍 일어났지. 얼른 옷을 챙겨 입고 수의사에게 맡겨 놓았던 양을 찾으러 갔어.

"안녕하시오?"

"안녕하세요? 뭘 이렇게 일찍 오셨어요."

"내 자식을 맡겨 두었는데, 당연히 일찍 와야죠. 잠도 제대로 못 잤어요."

"할아버지 사랑이 대단하십니다. 여기 있습니다."

할아버지는 양을 받아들고 이리저리 살펴보았어.

"정말 나은 거죠?"

"네, 안심하고 데리고 가십시오."

"고맙습니다. 고마워요, 의사 양반."

할아버지는 꾸벅 인사를 하고 병원을 나왔어.

엉큼성큼.

다음 날, 할아버지는 아침 일찍 일어나 옷을 챙겨 입고 병원으로 갔어. 왜 또 병원으로 갔느냐고? 병원에서 치료하고 왔는데도 양이 여전히 풀을 뜯지도 않고 힘이 없는 거야. 할아버지는 씩씩거리며 병원 문을 열었지. 할아버지는 수의사에게 대뜸 물었어.

"여보시오, 의사 양반,

이게 어떻게 된 일이오?"

"할아버지, 무슨 일이시지요?"

"양을 다 고쳤다고 해서 집에 갔는데,

계속 먹지도 못하고 힘이 없단 말이오. 아니, 도대체 양에게 무

슨 짓을 한 거요?"

그러자 수의사가 말했어.

"할아버지, 그건 억울한 말씀입니다. 저는 양에게 손가락 하나 대지 않았습니다."

"뭐, 뭐요?"

"그러니까 저는 아무 짓도 하지 않았다는 거죠."

할아버지는 그 말을 듣고 어이가 없어서 아무 말도 할 수 없었대.

마무리 태담

아가야, 수의사의 거짓말이 들통 났어. 다 고쳤다고 해 놓고, 손가락 하나 대지 않았다고 하다니 말이야. 자신의 거짓말을 자기 입으로 이야기하다니, 정말 재미있네. 그래도 거짓말은 하지 않는 게 좋겠지? 우리는 거짓말 하지 말고, 진실을 말하는 정직한 사람이 되자.

재판관은 어떤 판결을 내릴까?

시작 태담

빵에 관련된 추억이나 지금 좋아하는 빵을 소개해 주세요.

아가야, 여기는 웃음 마을이야. 웃음 마을 사람들은 모두 웃고 있지. 하하, 호호, 깔깔, 으하하, 까르르……. 사람마다 웃음소리는 다르지만, 그건 아무런 문제가 되지 않아. 다르게 웃는다고 비웃는 사람은 하나도 없거든. 모두 웃고 있다는 사실이 중요할 뿐이야. 굳은 표정의 사람도 웃음 마을에만 들어가면 며칠 안에 활짝 웃게 돼. 그래서 마음에 상처가 난 사람들이 웃음 마을로 이사를 하기도 한대. 웃음 마을에 가면 웃을 수 있다는 건 누구나 아는 사실이거든. 그 사실은 몇백 년 동안 한 번도 깨진 적이 없어. 그 빵집이 생기기 전까지는 말이야.

몇 달 전 웃음 마을에 빵집이 생겼어. 빵집 이름은 웃음 마을에 맞게 '스마일 빵집'이었지만, 빵집 주인은 그 이름과 어울리지 않았지. 언제나 심각하고 인색한 사람이었거든. 웃음 마을에 사는 호호 할머니가 빵을 아주 많이 사고는 호호 웃으면서 "여보시오, 주인 양반, 저 단팥빵 하나만 서비스로 주시오." 하고 말했어. 그랬더니 주인이 심각한 표정을 지으며 말하더래.

"빵 하나를 만들려면 얼마나 정성을 들여야 하는지 아세요? 그걸 모르시면 그런 말씀을 하시지 마세요."

호호 할머니는 그 말을 듣고 순식간에 얼음이 된 것 같았다고 말했지.

그것뿐만이 아니야. 깔깔 어린이가 빵을 쳐다봤다고 혼을 내고, 까르르 아가씨가 빵을 한참 동안 구경하고 하나밖에 사지 않았다며 핀잔을 주었지. 손님들이 빵집에 들어가면 꼭 하나씩은 사서 나가야 한다고 큰소리를 쳤어. 그래도 웃음 마을 사람들은 '스마일 빵집'을 이용했어. 사람들은 빵집 주인이 웃게 되는 날이 꼭 올 거라고 믿었던 거야. 물론 믿지 않는 사람들도 있었지. 아마 피식 아저씨를 재판관에게 데려가지만 않았다면, 다 믿었을 텐데 말이야.

피식 아저씨가 누구냐고? 피식 아저씨는 가난해서 빵을 살 돈이 없는 사람이야. 매일 피식 웃지만, 환하게 웃은 적은 한 번도 없지. 그래도 피식 아저씨는 행복했어. 자신에게 음식이나 옷을 나눠 주는 이웃들이 있다는 사실에 감사하며 살고 있었지. 그런데 '스마일 빵집'이 생기고 나서 매일 한 번씩은 슬퍼졌어. 빵집을 지날 때마다 빵이 정말 먹고 싶었거든. 피식 아저씨는 매일 한 번씩 빵집에 들어가 냄새를 맡고 나왔어. 마을 사람들은 그 모습이 안타까워서 빵을 사서 가져다 주기도 했지만, 빵집 주인은 반대였어. 그 모습이 못마땅해서 심술 난 표정으로 팔짱을 끼고 며칠을 지켜보고 있다가 말했지.

"여보시오, 이제는 도저히 못 참겠소. 돈을 내시오."

"네? 돈을 내라뇨? 저는 빵을 먹지 않았는데요?"

"매일 냄새를 맡았잖소. 내가 정성스레 만든 빵의 냄새를 맡았으니 돈을 받아야겠소."

"아, 제가 돈이 없습니다. 죄송합니다."

"안 되겠군. 그럼 재판관에게 갑시다. 나는 돈을 받아야겠소. 따라오시오."

빵집 주인은 앞서서 걸어갔고, 피식 아저씨는 힘없이 그 뒤를 따라갔지. 골목을 지나서 큰 도로가 나왔고, 건널목을 건너니 재판소가 보였어. 빵집 주인은 재판소의 문을 열자마자 재판관에게 가서 말했지. 이러쿵저러쿵 말하는 동안 피식 아저씨는 뒤에서 잠자코 서 있었어. 빵집 주인의 이야기를 다 듣고 재판관이 피식 아저씨에게 말했지.

"지금 가진 돈이 얼마인가요?"

"주머니에 동전 두 개가 있습니다. 그게 전부입니다."

"그럼 그걸 주세요."

피식 아저씨는 주머니에서 동전 두 개를 꺼내 재판관에게 주었지. 빵집 주인은 그 동전이 자신에게 올 거라고 생각하며 씩 웃었어. 재판관은 어떤 판결을 내릴까? 궁금하네. 우리 같이 들어 보자.

재판관은 동전을 받아들고 서로 부딪혀서 짤랑짤랑 소리를 내고는 빵집 주인을 보며 말했어.

"자, 이제 대가를 치렀으니 돌아가십시오."

"그게 무슨 말씀입니까?"

"피식 씨는 빵을 먹지 않고 냄새만 맡았습니다. 당신에게 어떤 손해도 입힌 적이 없죠. 이웃끼리 충분히 이해할 수 있는 일이며, 빵을 나눠 줄 수도 있는 일입니다. 그런데 냄새를 맡은 돈을 내라니요. 꼭 그 값을 받아야 한다면, 동전의 소리를 들은 것으로 충분하지 않겠습니까?"

"고맙습니다. 정말 고맙습니다."

피식 아저씨는 인사를 했어. 빵집 주인은 어떻게 했느냐고? 헛기침을 하면서 아무 말도 못 하고 재판소를 나왔대. 어때? 재판관의 판결이 공평하지? 이제 빵집 주인이 자신의 잘못을 깨달을 수 있을까? 이제 돌아가서 '스마일 빵집'이라는 이름에 맞게 웃으며 장사했으면 참 좋겠다. 그렇지?

마무리 태담

아가야, 재판관이 참 지혜롭다는 생각이 든다. 그리고 우리도 웃음 마을에 살았으면 좋겠어. 하지만 동화 속 마을이라 우리가 갈 수는 없겠지? 그렇다면 우리가 '웃음 가족'이 되어 보자. 너는 까르르 아가가 되는 거야. 어때? 마음에 들어? 그것보다 먼저 네가 세상에 나오는 날, 함박웃음을 보여 줄 테니까 기대해도 좋아.

농부 아저씨가 무슨 꿈을 꿨을까?

시작 태담

기억나는 꿈에 대해 얘기해 주세요. 신나고 재미있었던 꿈이면 좋겠어요.

　　오늘의 이야기는 밭에서 시작해. 이야기의 주인공인 농부 아저씨가 밭에서 일하고 있거든. 한참 동안 일을 하던 아저씨는 허리가 아파서 "어이구, 허리야." 했어. 조금 더 일하다 보니 다리가 아파서 "어이구, 다리야." 했지. 허리를 쭉 펴 보기도 하고, 다리를 툭툭 털어 보기도 했는데 그래도 나아지지 않았어. 오히려 허리, 어깨, 팔, 다리가 다 아픈 것만 같았지.

　　"어이구, 허리, 어깨, 팔, 다리야⋯⋯."

　　농부 아저씨는 자리에 털썩 주저앉아서 하늘을 올려다보며 말했어.

"하나님, 저는 언제까지 이렇게 힘들게 일해야 할까요? 집에서 팽팽 놀면서 아내와 아이들을 편하게 먹고, 입게 해 주고 싶어요."

농부 아저씨는 혹시 하나님이 대답해 주실까 싶어 목을 빼고 기다렸지. 하지만 하늘에서는 아무 대답이 없었어.

"어이구, 그럼 그렇지. 하나님께서 대답을 해 주실 리가 없지. 오늘은 이만 들어가야겠다."

농부 아저씨는 집으로 돌아갔어. 아내와 아이들이 뛰어 나와 반겨 주었지.

"여보, 힘들었죠? 얼른 들어가 쉬어요."

"아빠, 제가 어깨 주물러 드릴까요?"

"아빠, 저는 다리 주물러 드릴게요."

농부 아저씨는 힘이 불끈 솟았어. 역시 가족들을 위해 일하는 건 기쁜 일이라는 생각을 했지. 그리고 환하게 웃으며 말했어.

"그럼 아빠는 잠깐 누워있을 테니까 안마를 좀 부탁한다."

"네네, 네네네!"

아이들은 동시에 대답했고, 농부 아저씨는 방에 누웠지. 아이들은 신나게 안마를 했고, 농부 아저씨는 자신도 모르게 잠이 들었어.

농부 아저씨는 쿨쿨 꿈나라로 들어갔어. 하늘로 뚜벅뚜벅 걸어가서 하나님을 만났지. 하나님이 농부 아저씨에게 물었어.

"하늘에는 무슨 일로 왔느냐?"

"질문이 있어서 왔습니다."

"무슨 질문이냐?"

"하나님, 이 세상에서 일만 년의 시간이 하나님께는 얼만큼이나 되나요?"

"음, 일 분쯤 되지."

농부 아저씨는 눈이 휘둥그레져서 놀란 목소리로 다시 물었어.

"세상의 일만 년이 하나님께는 단 일 분이라고요?"

"그래, 그렇다니까."

하나님은 방긋 웃으며 말했지. 농부 아저씨는 잠시 무슨 생각을 하더니 하나님을 따라 방긋 웃으며 말했어.

"하나님, 그럼 돈은요, 저에게 일억 원이면 하나님께는 일 원쯤 되겠네요?"

"응, 그렇지."

"하나님, 그럼 저에게 일 원만 주세요! 네?"

"좋다. 네 부탁을 들어주겠다."

"정말입니까, 하나님?"

"그래, 그렇다니까."

기쁨에 가득 찬 농부 아저씨는 구름 위를 팔짝팔짝 뛰었어. 그런 농부 아저씨를 보며 하나님이 말했지.

"그런데 조건이 있다."

농부 아저씨는 멈춰 서서 물었어.

"무슨 조건이든지 말씀만 하십시오."

하나님은 씩 웃으며 말했지.

"그래, 일 분만 기다려라!"

"네?"

농부 아저씨는 깜짝 놀라며 물었고, 깜짝 놀라며 잠에서 깨어났어.

"아빠, 저녁 드세요."

"아빠, 엄마가 맛있는 거 많이 하셨어요."

아이들이 농부 아저씨를 흔들어 깨우며 말했지.

"그래, 그래, 밥 먹자."

농부 아저씨는 아이들과 함께 상 앞에 앉았어.

"여보, 우리 참 행복해요. 그렇죠?"

아내가 물컵을 상에 놓으며 환한 얼굴로 말했어.

"당신은 정말 행복해요?"

농부 아저씨는 미심쩍은 얼굴로 되물었지.

"그럼요. 당신이 열심히 일해 주고, 아이들도 잘 크고, 이렇게 맛있는 밥도 먹을 수 있으니 행복하죠. 그렇지 않아요?"

농부 아저씨는 아내의 말을 듣고 생각에 잠기었어. 그리고 잠시 후에 숟가락을 들며 말했지.

"그래요, 그래. 일만 년 후에 돈이 많으면 뭐하겠어요. 지금이 행복한걸요. 어서 밥 먹읍시다."

농부 아저씨는 밥을 아주 맛있게 먹었지. 아내와 아이들도 아주 맛있게 먹었어. 그리고 농부 아저씨는 아내와 아이들을 보며 깨달았대. 함께 숨 쉴 수 있고, 함께 얘기하며 웃을 수 있고, 함께 밥을 먹을 수 있는 것이 가장 큰 행복이란 걸 말이야.

아가야, 돈이 많은 것도 행복이겠지? 어쩌면 우리도 그걸 바라게 될지도 몰라. 하지만 말이야, 네가 태어나면 마냥 행복할 거 같아. 그냥 네 얼굴만 봐도 좋을 거야. 우리 같이 밥 먹고, 마주 보고 웃으며 행복하게 살자. 너랑 한 상에 앉아 같이 밥을 먹는 상상만 해도 하늘을 날 것처럼 즐겁다.

리오야, 잘 생각해 봐

시작 태담

친구가 엉뚱한 행동을 했거나, 친구의 말을 잘못 알아들어서 웃음이 났던 이야기를 해 주세요.

교실에서 아이들이 왁자지껄 떠들고 있어. 모두 신이 난 표정으로 말이야. 왜 신이 났냐고? 바로 오늘이 방학식이거든. 방학하면 학교에 나오지 않으니까 좋은 거야. 왜 좋으냐고? 쿨쿨 늦잠을 잘 수도 있고, 친구들과 놀이터에서 오랫동안 놀 수도 있거든. 시골에 놀러 가도 되고, 온종일 모래 놀이를 해도 되거든.

그러니까 다들 좋아하는 거야.

이제 선생님이 "자, 이제 방학이다!" 라고 한마디만 하면 방학이 시작돼.

"자, 이제 방학이다!"

선생님이 말씀하셨네.

"우아!"

"야호!"

"와!"

아이들은 함성을 지르며 기뻐했어. 선생님과 아이들은 인사를 나누었지. 아이들은 삼삼오오 모여서 교실을 나갔어.

"리오야, 같이 가자!"

리오의 뒤에서 서호가 큰 소리로 말했어.

"응, 그래, 같이 가자!"

리오가 멈춰 서서 서호를 기다렸어. 서호는 잽싸게 뛰어와서 리오 옆에 섰지.

"오늘 너희 집에서 놀아도 돼?"

서호가 물었어.

"응, 엄마가 친구 데리고 와도 된다고 했어."

"야호!"

서호와 리오는 발걸음을 맞추며 걸었어. 리오의 집에 거의 다 도착했을 때, 서호가 물었지.

"참, 너 아니?"

"뭘?"

"우리 선생님이 저녁마다 대통령과 이야기를 나눈다는 거 말이야."

"에이, 그건 말도 안 돼. 선생님이 대통령과 이야기를 나눌 리가 없잖아. 그리고 네가 그걸 어떻게 안단 말이야?"

"어제 선생님이 그렇게 말씀하셨으니까 알지."

"선생님이 거짓말하는 게 아닐까?"

"아니야! 그건 말이 안 되잖아."

"에이, 선생님과 대통령이 이야기 나누는 게 더 말이 안 되지."

"아니지, 생각해 봐. 대통령이 거짓말하는 사람과 말씀을 나누시겠니?"

"엥? 그게 무슨 말이야?"

"리오야, 잘 생각해 봐."

서호가 리오의 어깨를 토닥이며 말했어. 리오는 고개를 갸우뚱했지.

"서호야, 네가 잘 생각해 봐야 하는 거 아닐까?"

"아니야, 리오야. 네가 잘 생각해 봐야 해."

서호가 아주 당당하게 말해서 리오는 더 따질 수 없었어. 할 수 없이 집에 들어가서 신나게 놀기는 했는데, 리오는 계속 이상했대. 분명히 서호가 잘 생각해 봐야 할 거 같아서 말이야.

마무리 태담

아가야, 웃음이 나는 이야기였네. 서호가 생각해 봐야할 거 같은데, 너무 당당하니까 말이야. 리오가 오히려 말을 못하고 고개를 갸우뚱거리잖아. 지금쯤은 서호가 알게 되었을까? 우리 아기가 세상에 나오기 전에는 알았으면 좋겠네.

문을 발로 차라고?

친구나 가족에게 받은 선물 중에 가장 기억에 남는 선물에 대해 얘기해 주세요.

으앙으앙, 아기 울음소리가 들려. 아주 귀여운 아기가 보이네. 꼭 입안에 사탕을 물고 있는 것처럼 볼이 통통하고, 우유를 쏟아 놓은 것처럼 피부가 하얀 아기가 방금 태어난 거야. 어찌나 예쁜지 하늘에서 내려온 천사 같아.

어쩜 이렇게 예쁠까, 아기의 엄마와 아빠는 아기를 보면서 방실방실 웃었어. 아기도 엄마와 아빠를 따라서 방실방실 웃었지. 아기는 주먹을 꼭 쥐고 발가락을 꼬물거렸어. 아빠는 그 모습이 신기해서 아기의 손가락을 펴서 자신의 손가락을 대보았어. 아기는 다시 주먹을 꼭 쥐며 아빠의 손가락을 감쌌지. 아빠는 방
긋 웃으며 "여보, 이거 봐요." 했어. 그런
데 그때 아기가 다시 울음을 터트렸지.

응애응애, 아기가 다시 울자, 아빠는
"여보, 어떻게 해요? 내 목소리에 놀
랐나 봐요." 했어. 엄마는 피식 웃으
며 "이리 주세요. 배고파서 그럴 거
예요." 했지. 아빠는 아기를 조심스
럽게 안아서 엄마에게 건네주었어.
엄마는 아기를 무릎에 살포시 놓고
젖을 물렸지. 아기는 엄마의 젖을 힘차게 빨았어.

꼴깍꼴깍, 젖이 아기의 목구멍으로 넘어가는 소리가 들렸지. 아빠
는 그 모습을 보며 "여보, 아무래도 파티를 해야겠어요. 이렇게 예쁜
아기가 태어났다는 걸 사람들에게 알려야지요." 했어. 엄마는 의아한
표정으로 물었지.

"당신이 파티를 연다고요?"

"당연히 열어야지요. 이렇게 예쁜 아기가 태어났으니 말이에요."

멀뚱멀뚱, 엄마는 아빠를 쳐다보았어. 사실 아빠는 엄청난 구두쇠거든. 그 사실을 모르는 사람은 없어. 아빠를 아는 사람이라면 모두 알고 있지. 그런데 파티를 연다니, 정말 믿을 수 없는 일이잖아. 쌀이 아깝다며 친구를 한 번도 초대하지 않는 사람이 파티를 연다니 말이야.

또박또박, 아빠는 초대장을 쓰기 시작했어. 한참 동안 초대장을 쓰고 있는데, 아내가 물었지.

"여보, 아직 멀었어요?"

"아니요, 거의 다 썼어요."

"뭐라고 썼어요?"

"아, 내가 읽어 줄게요. 잘 들어 봐요.

『친애하는 여러분께 알립니다. 우리 집에 아주 예쁜 아기가 태어났습니다. 아기 탄생 기념으로 파티를 열려고 합니다. 많이 참석해 주세요.』"

"잘 썼네요. 그대로 보내면 되겠어요."

"아, 아니야, 한 줄이 빠졌어요."

"뭐가요?"

"금방 쓰고 나서 얘기해 줄게요."

아빠는 초대장을 마저 쓰고, 우체국으로 갔어. 사람들에게 보낼 초대장을 부치고 돌아왔어.

와다닥, 방문이 열리고 아빠가 들어왔어. 엄마가 물었지.

"우체국에 잘 다녀왔어요?"

"그래요, 초대장을 다 부치고 왔어요. 우리 아기는 자네요."

"방금 잠들었어요."

엄마는 작은 목소리로 말했어.

"그럼 당신도 좀 쉬어요. 나는 거실에 나가 있을게요."

아빠는 작은 목소리로 말하고, 방을 나가려고 돌아섰지. 그런데 그때 엄마가 질문했어.

"아, 그런데 아까 초대장에 한 줄을 더 쓴다는 건 뭐였어요?"

"아, '우리 집에 오시면 문을 발로 차세요.' 라고 썼어요."

"네? 벨이 있는데 왜 문을 발로 차라고 썼어요?"

"그야 당연하지요. 사람들 두 손에는 선물이 잔뜩 들려 있을 테니까요."

아빠는 찡긋 윙크했고, 엄마는 어이가 없어서 웃음이 났어. 그 바람에 아기가 깨고 말았지, 뭐.

으앙으앙, 아기 울음소리가 들려. 아주 사랑스러운 아기가 보이네. 꼭 입안에 사탕을 물고 있는 것처럼 볼이 통통하고, 우유를 쏟아놓은 것처럼 피부가 하얀 아기가 젖을 물고 있어. 어찌나 예쁜지 하늘에서 내려온 천사 같아.

마무리 태담

아가야, 이야기 속의 아기 아빠는 정말 웃기다, 그렇지? 달리 구두쇠가 아니었네. 문을 발로 차라는 말을 보면서 웃음이 났어. 어이가 없어서 말이야. 하지만 너에게 이야기를 들려주면서 아기가 태어나는 집의 풍경을 상상하니 행복해졌네. 우리 집도 곧 그 날을 맞이하겠지? 생각만 해도 행복해지는 일이야, 너를 만나는 건……

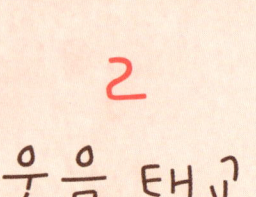

2
웃음 태교

어렸을 때, 종이컵 전화기 만들어 논 적 있으시죠? 종이컵 두 개를 실로 연결해서 전화 통화를 하듯이 한 쪽에서 말하고 한 쪽에서 듣는 놀이요. 엄마의 감정은 마치 태아와 '종이컵 전화기'로 통화를 하는 것처럼 직통으로 연결되어 있어요. 실제로 그것에 대한 실험도 있었대요. 미국에서 임산부의 자궁 속에 마이크로 카메라를 넣어 태아를 관찰해 보았던 거죠. 그랬더니 엄마의 기분 상태에 따라 태아도 얼굴을 찡그렸다 폈다 하는 것을 볼 수 있었대요. 이처럼 엄마의 감정 상태가 아기에게 직통으로 연결되기 때문에 '웃음 태교'가 필요한 거예요. 엄마와 아기가 행복을 공유하는 '웃음 태교'에 대해 우리 함께 살펴보아요.

웃음 태교, 어떤 효과가 있어요?

1. 심신의 안정을 도와요.

임신 중 많이 웃으면 자연스럽게 행복한 마음이 들죠. 엄마와 아기가 행복한 마음을 공유하게 되는 거예요. 웃음은 엄마와 아기의 심신을 안정시키는 효과가 있대요.

2. 면역력을 강화해요.

사람이 웃을 때는 근심을 줄여 주고 심장병, 고혈압, 관절염, 암 치료에 효과가 있어요. 웃음 태교를 하면 엔돌핀이 나와 면역력을 강화해 주지요. 배 속에 있을 때부터 질병에 대한 면역력이 높아지면 정말 좋겠지요?

3. 정서에 좋은 영향을 줍니다.

엄마와 아기가 함께 웃으면 정서에도 좋은 영향을 준답니다. 그리고 웃음 태교를 위해 매일 웃는 것을 생활화하다 보면 집안 분위기가 밝아지겠지요. 밝은 분위기에서 서로 함께 웃다 보면 엄마와 아기뿐만 아니라 가족의 정서에 좋은 영향을 주게 될 거예요.

웃음 태교, 어떻게 해요?

1. 웃을 기회가 있을 때 크게 웃으세요.

크게 웃어야 엔돌핀이 나온대요. 웃을 기회가 있을 때 그 기회를 놓치지 말고, "이때다!" 하며 크게 웃으세요. 재미있는 텔레비전 프로그램을 보게 되면 큭큭거리지 말고 푸하하하 큰 소리로 웃어 주고, 재미있는 이야기를 듣게 되도 하하하하 크게 웃어 주세요.

2. 부부가 함께 웃어요.

부부가 서로 마주보고 웃음 박수를 쳐 보세요. 박수 소리에 맞춰서 하하하하 웃는 거예요. 또, 서로 마주보고 칭찬을 하는 것도 좋은 방법이에요. "잘생겼다, 우리 남편!", "오늘은 더 예쁜데, 우리 아내!" 하면서 칭찬을 하다 보면 키득키득 웃게 되지요.

3. 웃음이 나는 사진이나 구절을 붙여 주세요.

집안 곳곳에 웃음이 나는 사진을 붙여 주시면 좋아요. 우연히 그 사진을 볼 때마다 웃음이 새어 나온답니다. 그리고 "너는 소중한 아이야!", "너는 가장 큰 축복이야!" 등의 구절을 써서 붙여 놓으세요. 그 구절이 눈에 띌 때마다 활짝 웃으며 배 속 아기에게 읽어 주는 것도 좋은 방법입니다.

4. 긍정적인 마음이 중요해요.

웃음은 긍정적인 마음에서 비롯돼요. 엄마의 마음이 긍정적이고 안정되어야 웃음이 나오기 마련이죠. 엄마가 웃으면 배 속 아기도 행복함을 느낀다는 사실을 잊지 마세요.

5. 일부러라도 웃으세요.

입에 볼펜을 물고 웃는 표정을 짓기만 해도 우리의 뇌는 우리가 웃는 것으로 판단한다고 해요. 요즘 너무 웃는 일이 없었다든지, 오늘 하루는 한 번도 웃지 않았다는 생각이 드시면 일부러라도 웃으세요. 일부러 큰 소리로 웃다보면 그 모습이 우스꽝스러워 깔깔대며 웃게 될 가능성도 있으니, 무조건 하루에 한 번은 웃기! 약속해요!

6. 깨달음을 주는 강의를 듣거나 멋진 풍경을 보세요.

우리 몸에는 신비의 호르몬 '다이돌핀'이 숨어 있어요. 다이돌핀은 엔돌핀의 4000배 이상의 효과를 가지고 있으며, 감동을 받았을 때 발생하기 때문에 '감동 호르몬'이라고도 불러요. 말 그대로 감동을 받거나 깨달음을 얻었을 때 발생하지요. 그러니까 깨달음을 주는 강의를 듣거나 멋진 풍경을 본다면, 4000번 크게 웃는 효과가 있는 거예요.

우리의 성품을 위한
이야기야

"아가야, 책 읽자!" 혹은 "아가야, 책 읽을까?" 라고 말해 주세요.

배 속의 아기는 아직 태어나지는 않았지만 이미 하나의 인격이고 생명입니다. 아기의 인격을 존중하는 마음으로, 아기에게 책을 읽는다는 사실을 말해 주세요. 먼저 이야기해 주고, 먼저 묻는 습관은 아기의 자존감을 높여 줍니다.

젊은이는 감정사가 될 수 있을까?

뚜벅뚜벅. 젊은이는 윤이나 감정사를 찾아갔어. "가장 유명한 감정사가 누구인가요?"라고 사람들에게 물었거든. 사람들은 "그거야 윤이나 감정사죠."라고 대답했어. 다른 감정사를 말해 주는 사람도 몇 명 있었지만, 대부분의 사람들이 '윤이나 감정사'라고 말해 주었지. 그래서 젊은이는 윤이나 감정사가 운영하는 감정원으로 찾아가서 말했어.

"감정사님, 저는 감정사가 되고 싶어서 찾아왔습니다."

윤이나 감정사는 안경을 추켜올리며 물었어.

"왜 감정사가 되고 싶지?"

젊은이는 침을 꼴딱 삼키고 말했지.

"저는 어렸을 때부터 감정사가 꿈이었습니다. 보석의 가치를 제대로 아는 사람이 되고 싶었지요. 그리고 그 꿈은 한 번도 변하지 않았습니다."

"흠……. 그런데 자네는 인내심이 없어 보이네. 훌륭한 감정사가 되려면 인내심이 가장 필요하지. 만약에 인내할 수 없다면, 일찌감치 포기하는 게 좋겠네."

"아닙니다. 감정사님이 잘못 보셨어요. 저는 인내심이 아주 많습니다. 시험해 보셔도 좋습니다."

"흠……. 그래? 그럼 내일 아침 일찍 찾아오게."

"알겠습니다. 내일 뵙겠습니다."

젊은이는 꾸벅 인사를 하고 돌아갔어.

성큼성큼. 다음 날 아침, 해가 뜨기도 전에 젊은이는 감정원에 도착했지. 그리고 문 앞에서 해가 뜨기를 기다렸어. 두 시간 후에 윤이나 감정사는 출근길에 젊은이를 발견하고 물었어.

"언제부터 여기 있었는가?"

"두 시간쯤 되었습니다."

"흠……. 그럼 따라오게."

윤이나 감정사가 들어가고, 젊은이는 신이 나서 따라 들어갔어. 감정사는 젊은이를 의자에 앉으라고 했지. 젊은이가 의자에 앉자, 감정사는 작은 보석을 건넸어.

"지금부터 이걸 들고 여기 앉아 있게나. 아무 말도 하지 말고 가만히 있어야 하네."

"네, 알겠습니다."

젊은이는 가만히 앉아서 보석을 보았지. 손톱만큼 작지만 유난히 반짝이는 보석을 만져 보았어. 그 감촉을 느껴본 후에 손바닥 위에 올려놓고, 이리 보고

저리 보다가 깜박 잠이 들었지. 감정사는 젊은이를 신경 쓰지도 않고 제 일에 몰두했어. 젊은이는 꾸벅꾸벅 졸다가 번쩍 정신이 들었어. 그리고 다시 보석을 가만히 보았어. 어느새 저녁이 되었고, 감정사가 말했지.

"오늘은 이만 돌아가게. 그리고 정말 감정사가 되고 싶다면 내일 오게나."

"네, 알겠습니다."

젊은이는 꾸벅 인사를 하고 돌아갔어.

터벅터벅. 다음 날, 젊은이는 또 아침이 되기도 전에 감정원에 찾아갔지. 감정사가 출근할 때까지 기다렸다가 감정원 안으로 들어갔어. 감정사는 어제와 같은 보석을 주면서 말했어.

"지금부터 이걸 들고 여기 앉아 있게나. 아무 말도 하지 말고 가만히 있어야 하네."

"네, 알겠습니다."

젊은이는 가만히 앉아서 보석을 보았지. 어제 보았던 보석을 또 보고 있으니, 어제보다 금방 지루해졌지만 감정사의 말을 생각하며 잘 참았어. 무슨 말이냐고? 감정사가 되려면 인내심이 필요하다고 했잖아. 그 말이 기억나서 심심하고 지루해도 꾹 참고 있는 거야. 몸을 비

틀어 보기도 하고, 기지개도 켜 보았지. 잠깐 일어났다가 다시 앉기도 했어. 어느새 저녁이 되었고, 감정사가 말했어.

"오늘은 이만 돌아가게. 그리고 정말 감정사가 되고 싶다면 내일 오게나."

"네, 알겠습니다."

젊은이는 꾸벅 인사를 하고 돌아갔어.

뚜벅뚜벅. 성큼성큼. 터벅터벅.

다음 날, 또 다음 날, 또 다음 날도 젊은이는 아침 해가 뜨기도 전에 감정원으로 갔지. 감정사는 똑같이 보석을 주면서 가만히 앉아 있으라고 했어. 젊은이는 감정사가 시키는 대로 했지. 하루, 이틀, 사흘, 나흘, 닷새 동안 그런 거야. 그리고 또 하루, 이틀, 사흘, 나흘, 닷새 동안 그랬어. 꼬박 열흘을 그렇게 한 거야. 정말 잘 참았지. 그런데 열흘이 지나고는 도저히 못 참겠는 거야. 매일 똑같은 보석을 주고, 온종일 가만히 있는 건 정말 힘든 일이었지. 젊은이는 용기를 내서 질문을 했어.

"감정사님, 저는 언제부터 보석 감정하는 법을 배울 수 있을까요?"

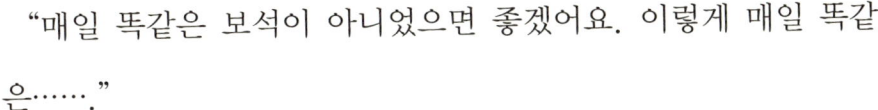

"곧 배우게 될 거야."

"벌써 열흘이 되었습니다.
제 인내심이 여기까지인가 봅니다.
정말 가르쳐 주시면 안 될까요?"

"어떻게 가르쳐 주면 좋겠나?"

"매일 똑같은 보석이 아니었으면 좋겠어요. 이렇게 매일 똑같
은……."

젊은이는 보석을 보며 하려던 말을 멈췄어. 왜 그랬냐고? 보석을
내밀며, 매일 똑같은 보석은 정말 힘들다고 말하려고 했는데, 자세히
보니 보석이 다른 거야. 전날 봤던 그 보석이 아닌 거지.

"어, 감정사님, 이건 어제의 보석이 아니네요."

"흠……. 이제야 조금 깨우치기 시작하는구나."

젊은이는 그제야 감정사의 깊은 뜻을 알게 되었어. 사실 감정사는
매일 다른 보석을 주었던 거야. 그런데 젊은이가 보기에는 매일 똑같
은 보석이었던 거지. 하지만 열흘 동안 인내하며 관찰했더니 알게 된
거야. 자신이 가지고 있는 보석이 어제의 보석과 다르다는 걸.

뚜벅뚜벅. 젊은이는 매일 아침을 가르며 감정원으로 출근하고 있어. 감정원에 들어가서 감정사에게 보석을 받고는 의자에 앉지. 이제 지루하지 않아. 젊은이는 매일 다른 보석을 보면서 말하거든.

"오늘은 각도가 다른 걸 주셨군요."

"오늘 보석은 유난히 광채가 나는군요."

"오늘은 천연 진주를 주신 거죠?"

이렇게 말하며 매일 다른 걸 배우고 있기 때문에 지루하기는커녕 행복하고 신이 난대. 아마 오늘 아침에도 젊은이는 성큼성큼 걸어가서 말했을 거야. "감정사님, 오늘도 행복한 아침입니다."라고 말이야.

마무리 태담

아가야, 젊은이가 참 잘 참았지? 참기 싫었을 때도 있었을 텐데, 아마 참기 싫다고 중간에 그만뒀으면 보석 감정사가 될 수 없었을 거야. 하고 싶은 일을 위한 과정이라면 하기 싫은 일도 인내하며 계속 할 수 있어야 해. 그래야 꿈을 이룰 수 있고, 꿈을 이룬 후의 기쁨을 누릴 수 있는 거니까 말이야.

열공이는 지붕 위로 올라갔대

시작 태담

어렸을 때 무엇을 열심히 했던 기억을 편하게 얘기해 주세요.
공부나 운동, 밥을 먹는 것이나 빵을 먹는 것, 무엇이든 좋습니다.

옛날 바빌로니아에 열공이가 살고 있었어. 열공이는 가난했지만 마음씨 착하고 정직했지. 무엇보다 성실하고, 열심히 공부했어. 열공이는 공부하면서 다짐했지.

"나는 꼭 훌륭한 선생님이 될 거야."

꾸벅꾸벅. 열공이는 자신도 모르게 졸기도 하고, 눈이 벌겋게 충혈되기도 했어. 열공이는 밤에 공부했거든. 낮에 일해서 돈을 벌고, 밤에 학교에 다닌 거야. 사실 밤에 공부하려면 얼마나 피곤하겠어? 다른 사람 같으면 벌써 그만뒀을지도 몰라. 하지만 열공이는 찬물로 세

수하고 눈을 부릅떴어. 그리고 책을 보았지.

"열공아, 이제 수업 다 끝났어. 집에 가자!"

친구들은 학교가 끝나면 서둘러 일어나기 바빴어. 얼른 가서 조금이라도 더 자고 일을 나가야 하잖아. 그런데 열공이는 달랐어.

"나 조금만 더 공부하고 갈게. 먼저 가."

열공이는 늘 이렇게 말하고 학교에 남아서 공부를 했어.

"열공이는 정말 공부하는 게 좋은가 봐."

"그러게, 진짜 열심히 하는 모습이 멋져 보인다니까."

선생님과 친구들은 그런 열공이를 칭찬했지. 열공이는 공부를 하는
게 가장 행복하고 즐거웠어.

그러던 어느 날이었어. 아침이 되었는데도 열공이가 이불에서 나오
지 않는 거야. 끙끙 앓는 소리만 들릴 뿐이었어. 왜 그러냐고? 열공이
가 감기에 걸렸나 봐. 너무 무리했던 건지 도무지 움직일 수가 없을
만큼 아팠어. 화장실도 기어서 가고, 밥도 누워서 먹었어. 몇 날 며칠
을 앓다가 일어나기는 했는데, 학교는 갈 수 없었지. 아픈 동안 돈을
벌지 못했기 때문에 학비를 낼 수 없었거든. 다시 일을 시작했지만 학
비를 모으려면 한 달을 더 일해야 했어.

'학교에 가고 싶다. 한 달이나 못 가면 수업도 따라가기 힘들 텐
데……. 어떻게 다시 갈 방법이 없을까?'

열공이는 며칠 동안 학교에 갈 방법을 고민하다가 무릎을 탁 쳤어.
그리고는 학교로 갔지. 성큼성큼. 학교 앞에 도착하니 가슴이 탁 트이
는 것 같았어. 열공이는 함박웃음을 짓고는 학교로
들어갔지. 그리고 벽을 타고 지붕으로
올라가기 시작했어.

왜 지붕에 올라가느냐고? 지붕에는 햇빛이 잘 들도록 낸 창문이 있거든. 그 창문을 통해서 선생님의 수업을 들으려는 거야. 열공이는 지붕에 납작 엎드려서 창문에 귀를 댔어. 다행히도 수업하고 있는 선생님의 목소리가 잘 들렸지. 그런데 오랜만에 공부했기 때문인지, 엎드려서 공부했기 때문인지 열공이는 얼마 지나지 않아 눈을 끔벅거렸어. 그리고 자기도 모르게 잠이 들어 버렸지. 그때였어. 교실에서 수업을 받고 있던 학생 한 명이 큰 소리로 말했어.

"선생님, 저기 창문에 누가 있어요!"

학생들은 우르르 몰려 가 창문을 올려다보았지.

"어, 진짜 누가 있어요!"

"그래, 내가 나갔다 올게. 앉아들 있어라."

선생님은 밖으로 나가서 지붕 위로 올라갔어. 그런데 어떻게 지붕에 올라갔을까? 껑충 뛰었을까? 아니면 벽에 계단을 만들었을까? 사실은 옆에 사다리가 있었어. 굴뚝 청소부가 굴뚝을 청소할 때 올라가려고 가져다 놓은 거지. 그 사다리를 타고 올라간 거야.

"이게 누구니? 열공이 아니니?"

열공이는 선생님의 목소리를 듣고 부스스 일어났어. 옆에 있는 선생님을 보고 깜짝 놀라서 말했지.

"아, 선생님!"

"여기는 어떻게 올라왔니?"

"저는 사다리를 타고 올라왔어요."

"참, 나도 그랬지. 그런데 왜 지붕에 있느냐?"

열공이는 머리를 긁적이며 이러쿵저러쿵 속닥속닥 이야기했지. 자

신이 아팠다는 이야기부터 공부하고 싶어서 지붕에 올라갔
다는 이야기까지 말이야. 선생님은 고개를 끄덕거리며 열
공이의 이야기를 들었어.

그리고 며칠이 지났지. 열공이는 교장실의 문을 드르
륵 열었어. 열공이가 지붕에 올라간 사실을 알게 된 교
장 선생님이 열공이를 불렀거든.

"어서 오너라."

"안녕하세요, 교장 선생님."

열공이는 인사를 하고 나서 고개를 들 수가 없었
어. 교장 선생님이 꾸중하실 거라고 생각했거든.
그런데 이게 웬일이야? 교장 선생님은 열공이의
손을 꼭 잡으며 말씀하셨어.

"자네의 이야기를 듣고 그 열정에 감동했다네.
그래서 선생님들과 의논했지. 자네에게 학비를
안 받기로 했다네. 그러니 더 열심히 공부해서
다른 학생들의 모범이 되어 주게."

눈시울이 붉어진 열공이는 꾸벅 인사를 하며 말했어.

"고맙습니다. 정말 고맙습니다. 진짜 열심히 하겠습니다."

그리고 어떻게 되었냐고? 열공이는 더 열심히 공부했고, 나중에 아주 훌륭한 선생님이 되었어. 그리고 열공이 덕분에 유대인 학교에서는 학비를 받지 않는 전통이 생겼대.

마무리 태담

아가야, 열공이가 어려운 상황에서도 포기하지 않았다는 이야기네. 누가 그러는데 말이야, 포기는 배추를 셀 때만 사용하는 말이래. 그러니까 우리도 배추를 셀 때 말고는 포기라는 말을 사용하지 말자. 열공이처럼 열심히, 끈기 있게 해 보는 거야. 파이팅!

남편이 삽을 빌려 줄까?

시작 태담

이사를 했던 기억이나, 친구가 이사를 했던 기억을 이야기해 주세요.

뚝딱뚝딱. 벽에 못을 박는 소리가 들리네. 무슨 일이냐고? 한 부부가 이사를 했거든. 부부는 함께 짐을 풀고, 옷과 그릇을 차곡차곡 정리했어. 남편이 정리된 모습을 보고 흐뭇하게 웃으며 말했지.

"여보, 정리를 참 잘했지요?"

"맞아요. 참 잘했어요. 이제 액자만 달면 될 것 같아요."

"알았어요. 당신은 좀 쉬어요. 내가 못을 박을게요."

"위치는 다 표시해 두었어요."

아내는 자리에 털썩 앉았어. 남편은 연장통에서 망치와 못을 꺼내

서 못을 박기 시작했어.

뚝딱뚝딱. 남편은 두 번째

못을 박고 액자를 걸었지.

"이렇게 걸면 되지요?"

"네, 맞아요. 이제 한 개 남았어요."

"알았어요. 금방 할게요."

남편은 세 번째 못을 박으려고 망치를 들었어. 그런데 그때 망치를

놓쳐 버렸지 뭐야.

쿵. 망치가 바닥에 떨어졌어. 아내가 벌떡 일어나며 말했어.

"여보, 안 다쳤어요?"

"응, 난 괜찮아요. 그런데 망치 자루가 뚝 부러졌네요."

"아, 그러네요. 그럼 다음에 할까요?"

"아니에요. 내가 옆집에 가서 망치를 빌려 올게요."

남편은 부러진 망치를 한쪽으로 치우고

옆집으로 갔어.

똑똑. 남편이 문을 두드리자 옆집

주인이 빠끔히 얼굴을 내밀었지.

"누구시오?"

"네. 저는 옆집에 이사 온 사람입니다."

"그런데요?"

"제가 액자를 달다가 망치가 떨어져서 그만 망치 자루가 부러졌어
요. 그래서 망치를 좀 빌리려고 왔습니다."

"빌려 줄 수 없어요. 나는 남한테 절대로 연장을 빌려 주지 않아요."

"아, 그래도 한 번만……."

남편이 그래도 한 번만 빌려 달라고 말하려고 했는데, 말이 끝나기
도 전에 문이 쾅 닫혀 버렸어. 남편은 할 수 없이 빈손으로 돌아왔어.
액자는 어떻게 달았느냐고? 다음 날, 망치를 새로 사서 달았지, 뭐.
그리고 며칠이 지났어.

똑똑. 누가 문을 두드리기에 남편이 문을 열고 나갔지. 문 앞에는
그 퉁명스러운 옆집 주인이 서 있었어. 남편이 물었지.

"어쩐 일이십니까?"

"내가 아주 급히 쓸 데가 있어서 그러니 삽 좀 빌려 주실 수 없겠
소? 빨리 쓰고 가져다 드리겠소."

옆집 주인의 말이 끝나자, 남편이 말했지. 뭐라고 말했을까?

"며칠 전에 내가 망치를 빌리러 갔을 때 뭐라고 하셨지요? 연장을 남에게 빌려 주지 않는다고 하셨지요? 저도 그렇습니다."

이렇게 말하고 문을 쾅 닫았을까? 궁금하다고? 그럼 잘 들어 봐. 무슨 말을 하는지 말이야.

쾅. 어, 정말 문이 쾅 닫혔네. 그런데 며칠 전과는 상황이 달랐어. 남편은 "잠시만요."라고 말하고 문을 닫았거든.

그리고 잠시 후에 문을 다시 열었지. 남편은 삽을 들고 나와 말했어.

"삽을 쓴 지가 오래돼서 찾는 데 시간이 좀 걸렸어요. 여기 있습니다. 다 쓰시면 가져다 주세요."

옆집 주인은 삽을 받으며 겸연쩍은 표정으로 말했지.

"제가 며칠 전에 망치를 빌려 드리지 않았는데, 어떻게 저에게는 선뜻 삽을 내주나요?"

남편은 환한 표정을 지으며 말했어.

"저는 연장을 그리 소중히 생각하지 않습니다. 제가 소중히 생각하는 것은 따로 있습니다."

"그것이 무엇인지요?"

"사람입니다."

끄덕끄덕. 옆집 주인은 고개를 끄덕이며 그 자리에 서 있었어. 마음에 부끄러움이 잔뜩 들어가서 몸이 무거워진 모양이야.

"급하다면서요. 얼른 가서 일 보세요."

남편이 친절하게 말했어. 그제야 옆집 주인은 고맙다며 꾸벅 인사를 하고 일을 하러 갔지.

마무리 태담

아가야, 사람이 중요하다는 말, 생각해 보니까 진짜 멋진 말이다. 그렇지? 아마 그 옆집 주인도 삽을 들고 가면서 그 말을 생각했을 거야. 옆집 주인이 연장보다 중요한 건 사람이라는 생각을 마음에 잘 새겼으면 좋겠다. 물론 우리도 그래야겠지? 아가야, 우리도 사람을 소중히 여기는 마음을 갖자.

하인이 왜 찾아왔을까?

시작 태담

가장 친한 친구에 대해 이야기해 주세요. 언제부터 친구가 되었고, 그 친구의 좋은 점은 무엇인지 등 긍정적인 이야기를 해 주시면 좋아요.

아주 먼 옛날에, 마을을 다스리는 관리가 있었어. 그 관리 이름은 '김성실'이었지. 이름처럼 성실할 뿐만 아니라 정직하고 친절한 사람이었어. 게다가 매일 밝은 얼굴로 "안녕하세요." 하며 인사도 잘했지.

"정말 그 관리는 어쩌면 그렇게 정직한지, 뇌물을 한 번도 받은 적이 없다지?"

"응, 그렇다네. 게다가 얼마나 부지런하고 성실한지 몰라."

"그래서 이름도 김성실 아닌가?"

"하하, 맞네, 맞아."

　　마을 사람들은 입에 침이 마를 정도로 그를 칭찬했지.

　　그러던 어느 날이었어. 누군가 그를 찾아왔지.

　　"누구세요?"

　　그가 묻자 그를 찾아온 사람이 대답했어.

　　"저는 임금님께서 보낸 하인입니다."

　　"네, 그런데 저를 무슨 일로 찾아오셨나요?"

　　"임금님께서 관리님을 궁궐로 모시고 오라고 하셨습니다."

　　"네, 그러면 오늘은 날이 저물었으니 우리 집에서 쉬고 내일 함께 떠나지요."

　　그는 하인을 방으로 안내했어. 방에 이불을 깔고 베개도 놓아 주었지.

　　"참 친절하군요. 고맙습니다."

하인은 고개 숙여 인사를 했어.

"별말씀을요. 편히 쉬십시오. 저는 이만 나가 보겠습니다."

그는 하인에게 인사를 하고 방을 나왔어. 그리고 자신의 방으로 가서 곰곰이 생각해 보았지.

'왜 하인이 나를 찾아왔을까? 혹시 내가 무슨 잘못을 해서 나를 찾으시는 걸까? 아니야, 그럴 리가 없어. 최선을 다했잖아. 아니야, 그래도 혹시 실수했을지도 몰라.'

그는 이런저런 생각을 하다가 마음이 불안해졌지. 그리고 벌떡 일어나 집을 나섰어. 궁궐에 혼자 들어가기가 겁이 난 거야. 그래서 어떻게 할까 고민하다가 친구네 집으로 갔어. 친구에게 함께 가자고 부탁을 하기 위해서 말이야. 그는 가장 먼저 떠오른 친구를 찾아갔어. 그 친구는 만나면 언제나 반가워하고 친절하지. 그가 가장 소중하게 여기는 친구야. 그는 친구에게 가서 말했어.

"여보게, 임금님께서 하인을 보내 나를 궁궐로 들어오라고 하시네. 내가 무슨 잘못을 한 건 아니지만 불안해서 그러니 나와 함께 궁궐로 가 주겠나?"

"아니, 여보게. 내가 왜 자네와 함께 그 무서운 궁궐에 들어가야 하나? 그런 부탁은 못 들어주겠네."

그는 예상치 못한 친구의 반응에 적잖이 실망했지. 그리고 터벅터벅 힘없이 걸어갔어. 두 번째로 떠오른 친구네 집을 향해서 말이야. 두 번째 친구는 만나면 반가워하고 친절하기는 하지만 그가 그렇게 소중하게 여기는 친구는 아니야. 그는 한참을 걸어서 두 번째 친구네 집에 도착했어. 똑똑. 문을 두드리자 친구가 나왔지. 그는 힘들게 입을 열었어.

"여보게, 임금님께서 하인을 보내 나를 궁궐로 들어오라고 하시네. 내가 무슨 잘못을 한 건 아니지만 불안해서 그러니 나와 함께 궁궐로 가 주겠나?"

"그것참, 안되었네. 그런데 나도 궁궐에 들어가는 게 겁이 나네. 내가 궁궐 문 앞까지만 함께 가 주면 안 되겠나?"

그는 괜찮다며 돌아서서 할 수 없이 세 번째 친구를 찾아갔어. 세 번째 친구는 친구이기는 하지만, 그를 만나면 반가워하거나 친절하지는 않아. 물론 그도 별로 소중하게 생각하지 않는 그저 그런 친구야. 그는 세 번째 친구에게 똑같이 부탁을 했어.

"여보게, 임금님께서 하인을 보내 나를 궁궐로 들어오라고 하네. 내가 무슨 잘못을 한 건 아니지만 불안해서 그러니 나와 함께 궁궐로 가 주겠나?"

"좋네, 함께 가 주겠네. 자네는 남한테 잘못한 것도 없고 항상 깨끗한 마음을 가진 관리가 아닌가. 그러니 불안해하지 말게. 혹시라도 무슨 좋지 않은 일로 임금님께서 벌을 내린다면 내가 증언해 주겠네. 자네는 충성스럽고 깨끗한 관리라고 말이야."

"고맙네. 정말 고맙네."

그는 기대하지 않았던 친구의 반응에 무척 놀랐고, 놀란 만큼 고마웠어. 친구의 손을 붙잡고 고맙다는 인사를 몇 번씩 했지. 그리고 다음 날, 세 번째 친구는 그가 궁궐로 가는 길을 함께해 주었어.

"자네와 함께 걸으니 불안한 마음이 싹 사라졌네. 정말 고맙네."

"나도 함께 걸으니 기분이 아주 좋네. 나도 고맙네."

그와 친구는 행복하게 궁궐로 향했고, 어느새 궁궐에 도착했지. 임금님은 그를 보고 활짝 웃으며 말했어.

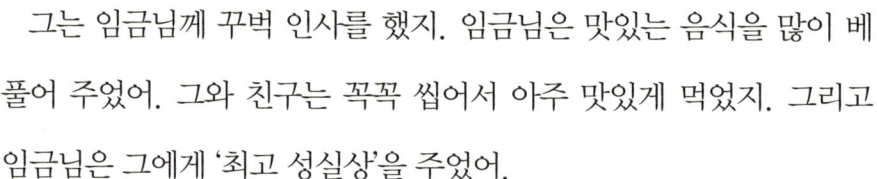

"그렇게 정직하다고 소문난 관리가
자네인가? 자네에게 상을 주고
싶어서 불렀다네."

"고맙습니다. 정말 고맙습
니다."

그는 임금님께 꾸벅 인사를 했지. 임금님은 맛있는 음식을 많이 베
풀어 주었어. 그와 친구는 꼭꼭 씹어서 아주 맛있게 먹었지. 그리고
임금님은 그에게 '최고 성실상'을 주었어.

"감사합니다. 정말 감사합니다."

그는 감격하며 상을 받았고, 친구와 함께 그 기쁨을 누렸지.

마무리 태담

아가야, 이야기 속에 나오는 첫 번째 친구는 '재산'을 뜻한대. 사람들은 재
산을 소중히 여기지만 세상을 떠나면 아무 소용이 없잖아. 두 번째 친구는
'친척'이래. 친척은 서로 돕고 지내지만, 역시 세상을 떠나면 소용이 없지.
세 번째 친구는 '착한 일'을 뜻한대. 착한 일은 눈에 띄지 않지만 오래오래
기억되고, 그 사람이 떠나도 이름을 밝히는 소중한 것이잖아. 아가야, 우
리는 세 번째 친구를 많이 만나면서 살자.

온유한 상담실에 가 보자

시작 태담

친구와 싸우고 화해한 경험에 대해 얘기해 주세요.

똑똑! 누군가 문을 두드렸어. 무슨 문이냐고? 여기는 바로 온유한 상담실이야. 그러니까 온유한 상담실의 문을 두드린 거지. 왜 온유한 상담실이냐고? 응, 여기 상담 선생님 이름이 '온유한'이거든. 선생님의 이름을 따서 상담실의 이름을 지은 거야.

상담실에는 선생님과 직원이 있었어. 누군가 문을 두드리자, 직원이 일어나서 문을 열었지. 밖에는 남자와 여자가 서 있었어. 문이 열리자 남자가 퉁명스럽게 말했지.

"여기가 온유한 상담실이 맞나요?"

온유한 상담실

"네, 간판에 쓰여 있는 것처럼 온유한 상담실이 맞습니다."

직원이 친절하게 대답했고, 남자가 안으로 들어갔어. 여자도 따라서 들어갔지. 남자와 여자는 직원의 안내에 따라 의자에 앉았어. 온유한 선생님이 온유하게 웃으며 물었지.

"두 분은 부부인가요?"

"네, 맞습니다."

남자가 대답했어.

"그런데 무슨 일로 오셨지요?"

"선생님, 우리 이야기를 좀 들어 주세요. 제 남편은 잘못을 인정하지 않는답니다."

여자가 말했어.

"잘못을 인정하지 않는 건 당신이야."

남자가 말했지.

"제가 두 분의 이야기를 다 들어 드리겠습니다. 누가 먼저 말씀하시겠어요?"

선생님이 묻자, 남자와 여자는 동시에 대답했지.

"제가 먼저 하겠어요."

"제가 먼저 하겠습니다."

"그래요, 당신부터 해요."

"아니야, 당신부터 해요."

남자와 여자는 옥신각신했지. 선생님은 온유한 목소리로 말했어.

"그럼 제가 순서를 정해 드리지요. 여자 분부터 저를 따라오세요. 서재로 가서 얘기해야겠어요."

선생님은 여자와 함께 서재로 들어갔어.

"자, 이제 얘기를 해 보시지요."

선생님의 말에 여자는 그동안 남편 때문에 속상했던 이야기를 하기 시작했지. 치약을 짜고 뚜껑을 닫지 않았

던 일, 아홉 시까지 들어오기로 하고 열두 시에 들어온 일, 씻지도 않고 침대에 누운 일 등 정말 많은 이야기를, 정말 빠른 속도로 꺼내 놓았어. 그러는 동안 선생님은 "당연히 그런 생각이 들었겠네요.", "아, 그랬군요.", "많이 속상하셨겠어요."라며 여자의 말에 맞장구를 쳐 주었어. 여자는 마음의 안정을 얻고 밖으로 나갔지. 이번에는 남자가 서재로 들어왔어.

"자, 이제 얘기를 해 보시지요."

선생님이 말하자, 남자는 그동안 아내 때문에 속상했던 이야기를 하기 시작했지. 치약 뚜껑을 닫지 않았다고 잔소리를 한 일, 열두 시에 들어갔다고 며칠 동안 한 마디도 하지 않은 일, 씻지도 않고 침대에 누웠다고 침대 아래에 이불을 깔고 잔 일 등 정말 많은 이야기를, 신기할 정도로 차분하게 꺼내 놓았어. 그러는 동안 선생님이 뭐라고 맞장구를 쳐 주었는지 알지? 아까 그대로냐고? 응, 맞아. "당연히 그런 생각이 들었겠네요.", "아, 그랬군요.", "많이 속상하셨겠어요." 라며 남자의 말에 맞장구를 쳐 주었지. 그리고 남자는 마음의 안정을 얻고 밖으로 나갔어.

탁! 잠시 후, 부부는 문을 닫고 나갔어. 온유한 선생님은 온유한 미소를 지었고, 직원은 고개를 갸우뚱하며 물었지.

"선생님, 저는 잘 모르겠어요. 아내가 먼저 들어와서 이야기할 때는 아내의 말이 모두 옳다는 듯이 말씀하셨어요. 그리고 그 뒤에 남편이 들어와서 말할 때는 또 남편의 말이 모두 옳다는 듯이 말씀하셨어요. 왜 그러신 거죠?"

직원의 말을 들은 선생님은 싱긋 웃으며 대답했어.

"여보게, 서로 의견이 달라서 찾아온 부부에게 어떻게 한쪽 편을 들 수 있겠나? 그렇게 하면 더 싸우라고 부추기는 것 밖에 되지 않는다네. 그럴 때 가장 중요한 건 남편과 아내의 서로 다른 생각을 인정해 주어서 흥분을 가라앉히는 거라네. 흥분이 가라앉으면 남편과 아내는 서로 이성을 되찾을 수 있지. 그러면 서로서로 이해할 수 있고, 용서할 수 있고, 화해하는 길을 찾게 되는 거라네."

"아하, 역시 우리 선생님이셔요!"

직원은 엄지손가락을 세우며 선생님을 칭찬했고, 선생님은 그 모습을 보며 또 싱긋 웃었어.

마무리 태담

아가야, 온유한 선생님은 온유할 뿐 아니라 참 지혜로운 거 같아. 만나 보고 싶은 생각도 드는걸? 하지만 우리는 만나지 말자. 행복하고 사이좋게 지내서 상담실에 갈 일은 만들지 말자. 온유한 선생님이 가르쳐 주지 않아도 서로를 이해하고 용서하고 사랑하며 살아야지. 알았지? 우리는 그렇게 사는 거다.

할아버지의 이름을 지어 줄까?

아주 먼 옛날, 어느 봄날이었어. 아주 캄캄한 밤에, 하늘에서는 반짝이는 별들이 하나둘 떠오르고 있었지. 별들을 따라 둥근 보름달도 환한 얼굴을 내밀었어.

"오늘은 다들 일찍 잠자리에 든 모양이네. 불이 켜진 집이 하나도 없는 걸 보면 말이야."

보름달이 말했지.

"맞아요, 달님. 그런데 저기 불빛이 하나 보이는데요?"

총총히 별이 말했어.

"어디, 어디?"

반짝이 별이 말했지.

"그렇구나, 정말 불빛 하나가 보이는구나."

보름달이 말했어.

"달님, 저 불빛은 뭐예요?"

찬란히 별이 말했지.

"어, 저건 등불이란다. 어떤 할아버지가 등불을 들고 가는구나."

"그 할아버지가 누군데요?"

총총히 별이 물었어.

"글쎄, 나도 이름은 모르겠다."

보름달이 말했지.

"그럼 달님이 이름을 지어 주세요!"

찬란히 별이 말했어.

"허허, 그래. 그럼 등불 할아버지라고 부르자. 어떠냐?"

"좋아요! 좋아요!"

별들이 동시에 팔짝팔짝 뛰면서 말했지.

뚜벅뚜벅. 등불 할아버지는 등불을 들고 천천히 걸어갔어. 집에 거의 다 도착했을 때, 누군가 등불 할아버지 앞에 멈춰 섰지.

"영감님, 말씀 좀 묻겠습니다."

"네, 무슨 일이시오?"

"저는 오늘 여기서 묵고 내일 또 먼 길을 떠나야 합니다. 그런데 여관을 아무리 찾아도 없네요. 이 근처에 여관이 어디쯤 있습니까?"

"아, 조금만 더 가면 언덕이 나와요. 그 언덕만 넘으면 마을 입구에 여관이 있답니다. 그 여관이 이 동네에서 제일 깨끗하답니다."

"정말 고맙습니다. 영감님을 못 만났으면 큰일 날 뻔했어요."

"별말씀을요. 밤이 깊어지니 서둘러 가 보세요."

"네, 고맙습니다. 영감님도 조심히 가세요."

나그네는 꾸벅 인사를 했지. 그런데 이게 웬일이야? 자세히 보니 할아버지는 앞을 못 보는 사람이었어. 나그네는 고개를 갸우뚱거리며 물었지.

"영감님, 지금 보니 앞을 보지 못하시는 것 같은데 왜 등불을 들고 다니십니까?"

"내가 이렇게 등불을 들고 다니면 사람들이 내가 걷고 있다는 걸 알게 될 것이지요. 그러면 나를 본 사람이 피해 줄 것이고, 그럼 부딪힐 위험이 없겠지요. 그래서 등불을 들고 다니는 겁니다."

나그네는 고개를 끄덕이며 말했지.

"아, 정말 배려심이 깊으십니다. 그럼 진짜 안녕히 계십시오."

"허허, 그래요. 잘 가시오."

할아버지와 나그네는 인사를 나누고 헤어졌어. 할아버지는 집으로, 나그네는 여관으로 도착했지. 그 모습을 보며 반짝이별이 말했어.

"할아버지가 정말 착하시네요."

"그래, 그렇구나."

보름달이 말했지.

"그럼 우리 할아버지 이름을 바꾸자!"

총총히 별이 말했어.

"무엇으로 바꿀 건데?"

찬란히 별이 물었지. 총총히 별은 곰곰이 생각하다가 말했어.

"배려 할아버지! 배려 할아버지로 바꾸자!"

"좋아! 좋아!"

별들이 동시에 팔짝팔짝 뛰면서 말했지.

"그래, 좋구나, 좋아."

보름달도 환하게 웃으며 말했어.

마무리 태담

아가야, 할아버지는 정말 배려심이 깊은 거 같아. 앞이 보이지 않는 자신 때문에 다른 사람들이 부딪혀서 다칠까 봐 등불을 들고 다니는 거잖아. 우리도 우리 자신보다 남을, 우리 가정보다 어려운 이웃을 배려하고 돕는 사람이 되자. 함께 손을 잡고 따뜻한 온기가 느껴지도록 말이야.

3

노래 태교

저는 태교동화를 쓸 때 의성어와 의태어를 많이 넣으려고 해요. 적당한 부분을 찾아서 꼭 넣어 주는 편이지요. 그 이유는요, 의성어와 의태어가 리듬감을 살려 주기 때문이에요. 리듬감이 살아 있는 말이나 노래는 아기의 지능과 감성을 동시에 자극하거든요. 노래 태교도 이런 효과를 위해 하는 것이지요. 배 속 아기에게 직접 해 주는 말뿐 아니라 엄마, 아빠의 노래도 일종의 대화 수단이라고 생각하시면 좀 더 편하게 하실 수 있을 거예요. 그럼 우리 아기에게 노래 태교를 선물해 볼까요?

1. 즐겁고 기분이 편안해지는 음악을 먼저 들으세요.

노래 태교를 시작하기 전에 음악을 먼저 들으면 기분 전환에 도움이 되지요. 특히 서양의 고전음악에는 우리 뇌의 알파파가 활동할 수 있는 리듬이 들어 있어서 두뇌 활동과 기분 전환에 좋다고 해요. 그 이유에서 모차르트, 베토벤, 헨델의 음악이 태교 음악으로 많이 사용되지요. 그런데 클래식이 별로인 분들도 있죠. 클래식만 들으면 잠이 오고, 자신과는 맞지 않는다는 분들이 꼭 클래식을 태교 음악으로 들어야 하냐고 묻곤 하세요. 그러면 저는 아무리 다른 사람들이 좋다고 해도 본인이 싫으면 그건 좋은 게 아니라고 말해요. 엄마의 감정은 아기와 연결되는데, 엄마가 듣기 싫은 음악을 억지로 듣는다면 아기도 스트레스를 받지 않을까요? 그래서 저는 태교 음악으로 본인이 즐겁고 기분이 편안해지는 음악을 들으라고 권해요. 다만, 본인이 아무리 좋아하더라도 한없이 우울한 정서가 있어서 들으면 우울해지는 음악은 피해 주세요.

2. 엄마, 아빠가 좋아하는 노래를 불러 주세요.

한두 곡쯤은 자신도 모르게 흥얼거리게 되는 노래가 있으시죠? 노래 태교는 엄마, 아빠가 아기를 위해 불러 주는 것에 큰 의미가 있기 때문에 꼭 노래를 따로 고르실 필요는 없어요. 항상 부르던 노래를 아기를 향해 불러 주는 거죠. 편하게 앉아서 배를 문지르면서 "아가야, 엄마가 노래 불러 줄게."라고 말한 후에, 노래를 불러 주세요. 노래를 부르는 동안에도 배를 문지르며 불러 주시면 좋아요.

3. 아빠가 불러 주는 사랑의 세레나데도 좋아요.

사랑의 세레나데라고 하니까 너무 거창한가요? 거창한 이야기를 하려는 건 아니에요. 사랑하는 사람에게 불러 주는 노래를 말하는 거지요. 가요나 클래식 음악이나 사랑하는 사람에게 불러 주는 노래는 많이 있잖아요. 어쩌면 고백할 때나, 연애할 때 노래방에서 불러 줬던 노래일 수도 있겠지요. 그런 노래를 아내와 아기에게 불러 주시는 거예요. 아내 옆에 앉아서 볼록 나온 배를 문지르며 나지막이 불러 주세요. 엄마의 기분이 좋아지니 아기도 기분이 좋아지고, 기분이 좋아진 배 속 아기는 아빠의 목소리를 감지하며 행복을 누릴 거예요.

4. 동시로 만든 동요도 좋아요.

동시로 만들어진 동요가 많이 있어요. '초록바다, 과수원길, 봄비, 우산, 꼬마 눈사람……' 그 외에도 많이 있지요. 그런 노래 중에 본인이 좋아하는 노래를 골라서, 먼저 동시로 읽어 주고 다음에 노래로 불러 주시는 거예요. 동시는 리듬감 있는 언어로 구성되어서 노래 태교를 하는 효과가 있지요. 그러니까 동시를 읽어 주고 동요를 불러 주면, 노래 두 곡을 불러 주는 효과가 있는 거예요. 그리고 동시는 어린이들을 위해 만들어진 문학작품이기 때문에 아기에게 들려주기에 참 좋지요.

5. 자장가를 정하는 것도 좋아요.

　잠자리에 누울 때 배를 문지르며 자장가를 불러 주세요. 기존의 자장가도 좋고, 엄마나 아빠가 좋아하는 노래를 자장가로 선정해도 좋아요. 물론 자장가니까 힙합이나 랩은 자제해 주시고요. 잔잔한 음률의 노래로 골라 주세요. 그리고 아기가 태어나서도 그 노래를 자장가로 불러 주세요. 배 속에서 들었던 노래를 태어나서도 들으면, 아기의 정서가 안정되고 마음이 평안해지는 효과가 있답니다.

04
유대인처럼 정직하게
살아 보자

책을 읽는 것이 아니라, 아기와 대화를 나누는 것입니다.

태교동화를 구입했던 첫 마음 그대로, 잘 읽어 주고 계신가요? 하루에 한 편을 꾸준히 읽는 것도 쉬운 일은 아니지요? 책을 소중하게 다룬다고 책꽂이에 꽂거나 정해진 장소에 두지 마시고, 식탁 위나 잠자리 등 언제나 손에 닿는 곳에 놓아 주세요. 책이라고 생각하지 마시고, 아기에게 사랑을 전하는 도구라고 생각하시면 좋아요. 책을 통해 아기와 대화를 나누는 시간이 가장 중요하니까요.

가죽조끼와 장화가 왕실의 보물이라고?

시작 태담

지금 생각하는 가장 소중한 보물은 무엇인가요?
그 보물에 대해 이야기해 주세요.

　여기는 이삭의 방이야. 방 안에는 신하들이 몇 명 있고, 이삭과 임금님도 있어. 신하들은 당황한 표정이고, 이삭과 임금님은 빙그레 웃고 있지. 임금님은 웃으면서 말했어.

　"이삭아, 너의 낡은 가죽조끼와 장화는 진정한 보물이구나. 오늘부터 가죽조끼와 장화를 왕실의 보물로 삼겠다."

　"임금님, 감사합니다."

　이삭은 인사를 했고, 신하들은 아무 말도 하지 못했지. 왜 이런 일이 일어난 거냐고? 잘 들어 봐, 이야기를 계속 들으면 알게 될 거야.

임금님은 사냥을 나갔다가 이삭을 만나게 되었어. 이삭은 참 부지런하게 움직이고 있었지. 임금님은 신하를 시켜서 사람들이 이삭을 어떻게 생각하는지 조사해 보았어. 신하는 "모든 이들이 이삭을 정직하고 성실하다며 칭찬을 아끼지 않았습니다."라고 전했어. 임금님은 흐뭇한 표정을 지으며 이삭을 궁전으로 데리고 오라고 했지. 그날부터 이삭은 궁전에서 일하게 되었어. 이삭은 임금님이 예상한 대로 아주 성실하게 일을 했지. 몇 달 동안 그 모습을 지켜본 임금님은 이삭을 불러서 아주 큰 일을 맡겼어.

"이삭아, 이제부터 궁전의 보물을 관리하는 일을 하여라."

"네, 알겠습니다."

이삭은 임금님이 예상한 대로 아주 정직하게 보물을 관리했어. 임금님은 이삭을 최고의 신하라고 생각했고, 그 생각을 아무한테도 말하지 않았지. 하지만 그 생각은 임금님의 표정과 행동으로 느껴졌어. 마음은 쉽게 감춰지지가 않는 법이거든. 다른 신하들이 쑥덕거리며 이야기했지.

"임금님은 왜 이삭만 예뻐하는

거지?"

"그러게 말이야. 우리가 훨씬 오래전부터 일했는데, 왜 새로 온 이삭을 더 사랑하시는 거야? 정말 모르겠어."

신하들의 질투는 날이 갈수록 심해졌지. 신하들은 이삭을 궁전에서 몰아내고 싶었어. 하지만 이삭을 내보낼 수 있는 이유가 없었지. 이삭은 언제나 정직하고 성실했거든. 신하들이 번갈아가며 이삭을 감시했지만, 트집을 잡을 만한 일이 없었어. 그러던 어느 날, 신하들이 나무 그늘에서 쉬고 있는데, 한 신하가 달려와서 말했지.

"내가 말이야, 이삭을 몰아낼 방법을 찾았어."

신하들은 눈을 동그랗게 뜨고 도대체 뭘 알아낸 거냐고 물었지.

"이삭이 매일 궁전 맨 꼭대기에 있는 방에 한 시간씩 들어가서 나오지 않는다는 사실일세. 그리고 그 방에 있는 물건들은 임금님에게 드리는 보고서에도 적혀 있지 않다는 것이지."

"어라, 거기에 보물을 빼돌려서 숨기는 모양이군."

"그렇지, 그렇지 않고서야 매일 올라갈 리가 없지."

"이제야 이삭을 몰아낼 수 있겠구먼. 우리 얼른 임금님께 가서 이 사실을 알리세."

신하들은 한걸음에 달려가 임금님에게 속닥속닥 말했어. 임금님은 가만히 이야기를 듣고는 곰곰이 생각한 후에 말했지.

"그럼 내가 열쇠를 줄 테니 그 방을 뒤져 보거라. 너희의 말대로 보물이 나온다면 내가 이삭을 당장 쫓아내겠다."

그 말에 신하들은 덩실덩실 춤이라도 추고 싶었어. 이제야 자신들이 사랑 받을 기회가 왔다고 생각했지. 임금님은 열쇠를 건넸고, 신하들은 달려가서 그 방문을 열었어. 그리고 샅샅이 뒤졌지. 여기저기 흩어져 있는 상자 안과 한쪽 벽에 있는 장롱 안을 들여다보았어. 낡은 양가죽 조끼와 허름한 장화 한 켤레가 나왔지. 그런데 그 이상은 아무 것도 나오지 않았어. 신하들은 천장을 뜯어 보고 창문도 열어 보았어. 장롱을 다시 열어 보고, 상자 안도 들여다 보았어. 하지만 먼지 말고는 아무 것도 없었지.

"아니, 왜 보물이 없는 거지?"

"그러게 말이야. 왜 조끼와 장화 말고는 아무 것도 없는 건지 모르겠네."

신하들은 어리둥절한 표정으로 또 한 번 창문을 열어 보았지. 그때, 임금님이 이삭과 함께 들어왔어. 임금님이 신하들에게 물었지.

"이제 다 찾았는가? 여기서 뭐가 나왔는가?"

신하들은 서로 눈치를 보며 아무 말도 하지 못했지.

"뭐가 나왔냐고 묻지 않았는가?"

임금님이 더 큰 소리로 묻자, 한 신하가 쭈뼛거리며 자신 없는 목소리로 말했지.

"낡은 양가죽 조끼와 허름한 장화가 나왔습니다."

임금님은 조끼와 장화를 보며 이삭에게 물었어.

"자네는 왜 조끼와 장화밖에 없는 이 방에 매일 들렀는가?"

이삭은 차분한 목소리로 대답했어.

"임금님, 이 두 가지 물건은 임금님이 저를 궁전으로 불러 주셨을 때 제가 가지고 있던 것입니다. 이 두 가지가 제 전 재산이었죠. 저는 매일 올라와 이 물건들을 보며 제가 지금 누리고 있는 것은 모두 임금님의 선물이라는 것을 깨달았습니다. 그리고 임금님께 감사하며, 맡겨 주신 일에 최선을 다할 수 있었지요."

임금님은 흐뭇한 미소를 지으며 말했지. 그 조끼와 장화를 왕실의 보물로 삼겠다고 말이야. 그리고 신하들에게 벌을 주려고 했지만, 이삭이 간곡하게 부탁을 해서 벌을 내리지 않았어. 신하들은 그런 이삭을 보며 깊이 반성하고 사과했지.

"이삭, 미안하네. 우리가 자네를 오해했네."

"괜찮네. 앞으로 나도 그런 오해가 생기지 않도록 자네들에게 더욱 잘하겠네."

"아니야. 우리가 더 잘해야지."

"그럼 우리 서로서로 잘하세."

"하하, 그러면 되겠네."

신하들과 이삭은 함께 웃었고, 그 모습을 보고 있던 임금님도 환하게 웃었어.

마무리 태담

아가야, 정말 다행이다. 이삭에 대한 오해가 다 풀려서 말이야. 그리고 이삭은 참 대단하지? 처음에 감사했던 마음을 잊지 않기 위해 매일 조끼와 장화를 보며 그 감사를 되새겼다니 말이야. 우리도 매일 불평보다는 감사의 말을 할 수 있었으면 좋겠다. 우리 함께 노력해서 감사가 넘치는 가족이 되어 보자.

정말 불공평해요!

오늘 이야기를 시작하는 곳은 달콤한 향기가 나. 포도가 주렁주렁 매달려 있는 아주 넓은 농장이지. 그래, 맞아. 포도 농장이야. 오늘은 이 포도 농장의 주인이 여행을 갔다가 돌아오는 날이야. 포도 농장 주인은 여행을 엄청 좋아해. 어떨 때는 한 달, 어떨 때는 두 달 동안 여행을 다녀오지. 그런데 이번에는 좀 더 길었어. 1년 동안 다녀왔거든. 그동안 농장은 동생이 맡아서 관리해 주었어.

"형님, 드디어 오셨군요."

138

"하하, 그래. 그동안 잘 있었느냐?"

"네, 그럼요. 형님 칭찬 받으려고 아주 열심히 잘 관리했습니다. 보십시오."

"그래, 그렇네. 포도가 아주 풍성하구나."

"하하, 좀 더 둘러보시겠어요?"

"그래, 그렇게 하자."

주인은 포도 농장 안에 들어가 여기저기 구석구석 둘러보았어. 그러다가 한 곳에서 잠시 멈춰 섰지.

"형님, 왜 그러십니까?"

"아니, 저 친구 말이야. 일을 무척 열심히 하는구나. 다른 일꾼보다 몇 배는 더 열심히 하는 것 같다."

"아, 네. 지난달에 들어온 일꾼인데 저도 눈여겨보고 있습니다. 아주 성실합니다."

"내가 정원에 가 있을 테니 저 친구를 잠깐 불러 오거라. 이야기를 나눠 보고 싶구나."

"네, 알겠습니다."

주인은 정원으로 갔고, 조금 있다가 그 일꾼이 도착했어.

"저를 부르셨다고요?"

"그래, 여기 앉아 보게나."

주인과 일꾼은 이런저런 이야기를 나눴지. 그러다 보니 어느새 해가 서산마루에 걸렸어.

"아이고, 큰일 났네요. 일을 더 해야 하는데, 벌써 끝날 때가 되었으니 말이에요."

"괜찮네. 걱정하지 말고 농장으로 가세."

주인과 일꾼은 포도농장으로 갔어. 포도 농장에는 일을 마친 일꾼들이 줄을 서서 품삯을 받고 있었지.

"자네도 저기 가서 줄을 서게."

"네, 알겠습니다."

주인과 함께 갔던 일꾼은 줄 맨 뒤로 가서 섰지. 일꾼들은 모두 동전 한 닢을 받았어. 모두 동전을 받은 다음에 한 일꾼이 볼멘소리로 말했지.

"이건 불공평해요!"

"뭐가 불공평하단 말인가?"

"이 사람은 오후 내내 농장을 떠났다가 조금 전에 나타났어요. 그런데 우리랑 똑같이 품삯을 받았어요. 너무 불공평합니다."

한 일꾼이 말했지. 그러자 다른 일꾼들도 아우성을 쳤어.

"그래요, 불공평해요."

"맞아요, 불공평합니다."

"정말 불공평해요."

주인은 가만히 듣고 있다가 조금 잠잠해진 후에 입을 열었어.

"여러분, 잘 들으시오. 내가 중요하게 생각하는 것은 얼마나 오랫동안 일했느냐가 아니라 얼마나 열심히 일했느냐 하는 것이오. 열심히 하면 그만큼 일을 더 많이 할 수 있기 때문이오. 이 사람이 반나절 동안 한 일은 여러분 중 한 사람이 온종일 한 일보다 많았소. 그렇다면

여러분의 말이 맞지요. 그래요, 나는 불공평합니다. 공평하게 품삯을 주려면 이 친구에게는 세 닢이나 네 닢을 주는 게 맞을 거요."

주인의 말이 끝나자 다른 일꾼들은 입도 벙긋 못했어. 일꾼들은 뒷머리를 긁적이며 집으로 하나둘 돌아갔지.

마무리 태담

아가야, 정말 시간의 양이 중요하지 않은 것 같아. 나에게 주어진 시간을 잘 사용해서 얼마나 열심히 임하느냐가 더 중요하지. 그리고 우리에게 주어진 시간에 많이 사랑하는 것도 중요해. 사랑만 하기에도 모자란 시간 동안 많이 사랑하자.

선생님, 정말 반짝거려요!

시작 태담

힘든 일을 지혜롭게 잘 해낸 경험이나 힘든 일이지만 즐겁게 했던 경험을
이야기해 주세요.

끙끙끙. 정직한 선생은 야자열매를 짊어지고 장으로 갔어. 정직한
선생은 야자나무를 가꾸어 딴 열매를 시장에 내다 팔아서 근근이 먹
고 살거든. 힘들게 지고 간 야자열매를 다 팔고 집으로 돌아오면 꼬박
꼬박 항아리에 저금을 했지.

땡그랑 땡그랑. 항아리에 동전을 넣고 나면 기분이 좋아졌지. 그리
고 언제나 탈무드를 공부했어. 그러던 어느 날, 고민이 생겼어. 야자
열매를 장까지 운반하는데 너무 많은 시간이 걸린다는 거야. 물론 힘
도 많이 들고 말이야.

"힘도 덜 들이고, 시간도 적게
걸릴 수 있는 방법이 없을까?"

"선생님, 뭘 고민하세요?"

선생이 혼잣말을 하며 고민하고 있는
데, 예고도 없이 불쑥 찾아온 제자가 물었지.

"언제 왔느냐? "

"방금요. 그런데 뭘 고민하시는데요?"

"응, 야자나무 열매 말이다. 그걸 내다파는데 시간도 많이 걸리고,
힘도 많이 들어서 말이다. 좀 더 좋은 방법이 없을까 생각하고 있었
다."

"낙타를 사세요."

"낙타?"

"네, 낙타를 사서 운반하시면 되잖아요."

"오호, 그런 방법이 있었구나. 네가 나보다 낫다."

터벅터벅. 선생은 돈을 모아둔 항아리를 들고 낙타 시장으로 향했
어. 그리고 요리조리 살펴본 후에 마음에 드는 낙타를 골라서 주인에
게 물었지.

"이 낙타는 얼마나 합니까?"

낙타의 주인이 값을 부르자, 선생은 항아리에서 돈을 세어 주었어.
선생은 돈을 다 주고는 항아리를 들여다보더니 씨익 웃었지.

"선생님, 왜 웃으세요?" 낙타 주인이 물었어.

"낙타를 사고 값을 치렀는데 아직도 항아리에 돈이 남아서 기쁩니
다. 아주 기뻐요."

"하하, 선생님이 기뻐하시는 모습을 보니 저도 덩달아 기쁘네요."

낙타 주인은 그렇게 말하면서 낙타의 등에 안장을 얹어 주었어.

"아, 주인 양반. 미안하게도 내가 안장을 살 생각은 없어요."

"아닙니다, 선생님을 보니 저도 기분이 좋아져서 인심 한번 쓰는 겁
니다. 그냥 드리는 거예요."

"이걸 그냥 준다고요?"

"네, 가져다 쓰십시오."

"고맙군요. 정말 고마워요."

따각따각. 선생은 낙타를 타고 집
으로 돌아왔어. 그 모습을 본 제자는
자신이 낙타를 산 것처럼 기뻐했지.

"와, 선생님. 멋진 낙타예요. 이제
선생님이 덜 힘드실 거라고 생각하

니 제가 행복해지네요. 선생님이 새로 산 낙타니까 제가 목욕을 시켜 드릴게요."

"그래, 고맙구나. 그럼 부탁한다. 그럼 나는 저기 앉아서 좀 쉬고 있어도 되겠느냐?"

"네, 피곤하실 테니 좀 쉬세요. 제가 아주 깨끗하게 목욕시켜 놓을게요."

선생은 마루로 가서 털썩 앉았어.

솔솔 시원한 바람이 불었어. 바람마저 행복해하는 것 같았지. 그런데 그때 제자가 놀란 표정으로 다가와서 말했어.

"선생님, 이것 좀 보십시오."

"그게 뭔가?"

"다이아몬드 같아요."

선생은 제자의 손에 들려진 것을 자세히 보았어. 정말 눈이 부시게 반짝이는 다이아몬드였지.

"아니, 그게 어디서 났는가?"

선생이 묻자, 제자는 들뜬 목소리로 말했지.

"안장에 달린 주머니에서 나왔어요. 이제 선생님은 부자가 되신 거예요. 더 이상 야자열매를 팔지 않으셔도 돼요."

선생은 벌떡 자리에서 일어나서 말했어.

"낙타 시장에 다시 다녀와야겠다."

"네? 낙타 시장에는 왜요?"

"다이아몬드를 돌려줘야지."

"아니, 이걸 왜 돌려줍니까? 이건 선생님의 낙타 안장에서 나왔으니 선생님 겁니다."

"나는 낙타를 샀을 뿐이지, 이 안장은 덤으로 받은 것이다. 게다가 이 다이아몬드를 산 건 아니지 않느냐? 나는 내가 산 것만을 갖는 게 옳다고 생각한다."

선생은 다이아몬드를 들고 낙타 주인에게 갔어.

헉헉. 선생은 숨을 몰아쉬었지. 저녁이 되어 낙타 시장이 문을 닫았을까 봐 헐레벌떡 뛰어왔거든. 선생은 낙타 주인에게 이러쿵저러쿵 속닥속닥 이야기를 했어. 자신이 왜 다이아몬드를 가지고 왔는지에 대해서 말이야. 그러자 놀랍게도 낙타 주인은 다이아몬드를 받지 않겠다고 했지.

"저는 돈을 받고 선생님에게 낙타를 팔았습니다. 그리고 안장은 제가 덤으로 드린 겁니다. 그러니 다이아몬드가 낙타 안장에서 나왔다면 그것은 당연히 선생님 겁니다."

덥석, 선생은 낙타 주인의 손을 잡고 진심으로 말했어.

"자기가 산 물건 이외에 다른 걸 갖지 않는 게 우리 유대인의 신앙이며 전통입니다. 그래서 나는 다이아몬드를 주인에게 돌려줄 수밖에 없습니다."

"저는 아랍인입니다, 선생님. 유대인은 참 신앙심이 깊고 훌륭한 전통을 가진 민족이군요."

낙타 주인은 감동하여 그 다이아몬드를 받았지.

마무리 태담

아가야, 정직한 선생은 정말 정직하네. 다이아몬드를 갖고 싶은 마음도 있었을 텐데 그 마음을 누르고 다시 가져다 주었으니 말이야. 그리고 참 멋있지? 유대인의 신앙과 전통을 지키는 삶을 보이니까 자신뿐만 아니라 유대인 전체를 빛나게 해 줬잖아. 아가야, 우리도 그렇게 정직하고 멋있게 살아 보자.

탈무드에서 허락한 거짓말이 있대

시작 태담

선의의 거짓말을 했던 적이 있나요? 혹은 정직하게 말해서 칭찬 받은 적이
있나요? 거짓말에 얽힌 에피소드를 이야기해 주세요.

오늘의 이야기는 교실에서 시작해. 아이들이 왁자지껄 떠들고 있는
데 선생님이 들어오셨지. 일순간 조용해졌어. 선생님은 아이들을 보
며 흐뭇한 표정으로 웃었는데, 한 학생이 벌떡 일어나서 말했어.

"선생님! 수업을 짧게 해 주세요!"

"왜 그런 부탁을 하느냐?"

"밖에 눈이 옵니다. 눈싸움을 하고 싶어요!"

아이들은 "와아!" 하고 소리 지르며 환호와 박수를 보냈지.

"그래, 수업을 잘 들으면 짧게 해 주마."

아이들은 또 "와아!" 하고 환호와 박수를 보냈어. 선생님은 탁탁탁 교탁을 쳤고, 아이들은 조용해졌지. 선생님은 수업을 시작했어.

선생님은 거짓말에 대해 이야기하기 시작했어. 오늘의 수업은 '거짓말'이 주제였거든.

선생님은 거짓말을 하면 왜 안 되는지, 왜 진실하게 살아야 하는지에 대해 열심히 이야기했어. 하지만 '좋은 거짓말'도 있다며 가끔 거짓말을 하는 게 좋을 때도 있다고 했지. 그리고 교탁을 탁탁탁 치며, "자, 수업 끝이다!" 했지. 아이들은 "와아!" 하고 소리 지르며 환호와 박수를 보냈어. 아이들은 쏜살같이 나가서 눈싸움을 하고 눈사람을 만들며 신나게 놀았어.

다음 날, 교실에 선생님이 들어오셨어. 일순간 조용해졌지. 선생님은 아이들을 보며 흐뭇한 표정을 지었고, 한 학생이 벌떡 일어났어.

"선생님!"

아이들은 "와아!" 하고 환호와 박수를 보냈어. 선생님은 탁탁탁 교탁을 치며 말했지.

"오늘은 안 된다. 어제도 짧게 했으니, 오늘은 제대로 수업해야
해."

벌떡 일어났던 학생은 씨익 웃으며 말했어.

"선생님, 그게 아니고요, 질문이에요."

아이들은 "에이~" 하며 야유를 보냈고, 선생님은 흐뭇하게 웃으며
말했어.

"그래, 내가 오해를 했구나. 미안하다. 그래, 질문을 하거라."

"어제요, 선생님께서 가끔씩은 거짓말을 하는 게 좋을 때가 있다고
하셨잖아요. '좋은 거짓말'도 있다고 하셨고요."

"그래, 그랬지. 탈무드에게 허락하는 '좋은 거짓말'이 있단다."

"탈무드에서 허락하는 좋은 거짓말이요?"

"그래. 탈무드에서 허락하는 좋은 거짓말은 두
가지다. 그 한 가지는 친구가 결혼할 때이지.
신랑이나 신부가, 내가 지금 결혼할 신부나 신
랑이 잘생겼냐고 물었을 때다. 그럴 때는 혹
시 신부와 신랑이 못생겼더라도 아름답다
고 거짓으로 칭찬해 주어야 한다. 그리고
행복하게 살 것이라고 축복해 주는

것도 잊지 말아야 한다. 또 다른 한 가지는 누군가가 이미 물건을 샀을 때이다. 물건을 산 사람이 그것을 내보이면서 어떠냐고 물어 왔을 때지. 혹시나 그 물건이 나쁜 것이라 해도 좋은 물건이라고 거짓말을 해야 한다. 이 두 가지를 '좋은 거짓말'이라 할 수 있지. 알겠니?"

"네, 선생님. 그런데요."

"그래, 또 질문이 있니?"

"네, 혹시 오늘도 수업을 일찍 끝내면 안 될까요?"

선생님은 기가 막혀서 허허 웃었어. 그리고 아이들은 어떻게 했을까? "와아!" 하고 소리를 지르며 환호하고 박수를 보냈지, 뭐.

아가야, 재미있게 잘 들었어? 이야기를 읽는데 피식 웃음이 나네. 하긴 요즘은 자꾸 피식 웃음이 난다. 너를 만날 날을 생각하면 말이야. 너랑 눈싸움을 하고 눈사람을 만들 날은 아주 많이 기다려야겠지만, 너를 만날 날은 별로 남지 않았잖아. 하루하루 지날수록 많이 설렌다. 그리고 아주 많이 사랑한다.

키가 그렇게 빨리 자랐다고?

시작 태담

키에 대한 이야기를 해 주세요. 언제 자기도 모르게 키가 많이 자랐다든지, 키 크고 싶어서 우유를 많이 먹었는데도 자라지 않았다든지, 주위에 키 큰 친구가 있다든지 하는 이야기를 해 주시면 됩니다.

냠냠냠. 민수 엄마와 민수 아빠가 저녁식사를 하는 중이었어. 민수는 먼저 밥을 다 먹고 말했지.

"잘 먹었습니다."

"벌써 다 먹었어?"

엄마가 물었어.

"네, 이모가 선물해 준 동화책을 빨리 읽고 싶어서요. 저, 먼저 방에 들어갈게요."

"그래, 네가 먹은 그릇은 설거지통에 두고 들어가거라."

"물론이죠."

민수는 설거지통에 그릇을 두고, 쏜살같이 방에 들어갔어. 엄마는 그 모습을 보고 피식 웃었지. 아빠도 따라 웃으며 말했어.

"녀석, 동화책이 빨리 보고 싶었던 모양이네."

"그럼요. 생일 선물로 미리 받은 거니 기분이 좋았을 거예요."

"생일? 민수 생일이야?"

"참, 하나뿐인 아들 생일도 잊어버린 거예요? 내일이 민수 생일이 잖아요."

"아, 그렇군."

"민수 이모는 내일 일이 바빠서 못 온다고 미리 다녀간 거예요. 내일 우리끼리 파티할 거니까 일찍 들어와요."

"응, 알겠어. 그런데 선물은 뭐 사지?"

"옷 어때요? 애가 부쩍부쩍 커서 옷이 작아진 게 제법 많아요."

"그래, 옷을 사야겠네. 내가 퇴근길에 사 올게."

민수 엄마랑 아빠는 대화를 마치고 밥을 마저 먹었어. 민수 아빠는 내일 무슨 옷을 살까 생각하면서 먹었고, 민수 엄마는 내일 어떤 반찬을 만들까 생각하면서 먹었지.

다음 날이야.

벌떡. 민수 아빠가 사무실 의자에서
일어나며 말했어.

"저 먼저 퇴근하겠습니다!"

민수 아빠는 제일 먼저 퇴근을 했
지. 룰루랄라 콧노래를 부르며 옷가게
로 향했어. 민수에게 어떤 옷이 어울릴까
고민하다가 스웨터 하나를 집어 들고 말했지.

"이게 좋겠군."

"손님, 그걸로 드릴까요?"

주인아저씨가 잽싸게 다가가서 물었어.

"네, 이걸로 주세요. 그런데 빨면 줄어들지 않겠지요?"

"아이고, 무슨 그런 말씀을요. 이 옷은 줄어들지 않는 옷감으로 만
들었습니다. 안심하고 가지고 가세요."

"네, 알겠습니다. 그럼 포장해 주세요."

주인아저씨는 스웨터를 상자에 넣어 예쁘게 포장해 주었어.

싱글벙글. 민수는 아빠의 선물을 받고 웃었지.

"아빠, 진짜 마음에 들어요. 감사합니다."

"그래, 마음에 든다니 다행이다."

아빠도 싱글벙글 웃으며 말했어. 이 때, 생일 케이크를 가지고 들어오는 엄마가 말했지.

"벌써 선물을 준 거예요? 우선 생일 축하 노래부터 불러 줘야죠."

"민수가 궁금하다기에 먼저 줬지, 뭐. 그럼 이제 초에 불을 붙이고 생일 축하 노래를 부를까?"

민수 아빠는 초에 불을 붙였어. 민수 엄마와 아빠는 생일 축하 노래를 불러 주었지.

"생일 축하합니다, 생일 축하합니다, 사랑하는 민수의 생일 축하합니다."

후우우. 민수가 촛불을 껐어. 민수 엄마와 아빠는 박수를 치며 말했어.

"사랑하는 우리 아들, 생일 축하해!"

"아들! 생일 축하하고 오래오래 행복하게 살자!"

"네, 저는 엄마 아빠의 아들이라 하늘만큼 땅만큼 좋아요."

민수의 엄마와 아빠는 민수를 꼭 껴안았지. 민수는 엄마, 아빠의 품에 쏙 들어갔어. 엄마, 아빠의 품속은 참 따뜻했지. 그리고 일주일이 흘렀어.

드르륵. 민수 아빠는 민수와 함께 옷가게에 들어갔어. 한 번 세탁한 스웨터를 민수가 입었는데, 글쎄, 민수의 옷이 팍 줄어 버렸지 뭐야. 민수가 "아빠, 옷이 줄어들었나 봐요."라고 말했고, 민수 아빠는 민수와 함께 옷가게에 갔지. 민수가 그 옷을 입은 채로 말이야.

"이것 보세요, 주인 양반. 줄어들지 않는 옷감으로 만들었다는 옷이 이렇게 줄었어요. 이걸 어떻게 하시겠습니까?"

민수 아빠가 주인아저씨에게 따져 물었어. 그런데 주인아저씨는 당황한 기색이 없이 침착하게 말했지. 민수의 머리를 쓱쓱 쓰다듬으면서 "넌 참 멋진 아이구나. 그런데 한 가지 아쉬운 점이 있어. 너는 너무 빨리 자라는구나."라고 말이야. 이 말을 들은 민수 아빠는 어이가 없었지. 도대체 무슨 말을 해야 하는지 몰랐어. 민수 앞에서 싸울 수도 없고, 그 아저씨랑 말이 통하지도 않을 것 같아서 말이야. 그런데 그때 민수가 씩씩하게 앞으로 나와서 아저씨에게 말했어.

"아저씨, 키가 빨리 자라면 좋겠지만 아저씨가 말씀하신 것처럼 그렇게 빨리 자랄 수는 없어요. 저희 아빠는 항상 말씀하셨어요. 사람은 정직해야 한다고요. 어른이 돼서도 그래야 한다고요. 그런데 아저씨는 생각이 다르신 건가요?"

주인아저씨는 얼굴이 벌개져서 민수에게 말했어.

"어, 자세히 보니 옷이 줄어든 거 같구나. 다른 옷으로 바꿔 가겠니?"

"네, 감사합니다."

민수는 아빠와 함께 다른 옷을 골라서 교환하고, 옷가게를 나왔대. 민수 아빠는 민수를 칭찬해 주었지.

"우리 아들이 정말 자랑스럽구나."

"뭘요. 아빠가 평소에 가르쳐 주신 게 기억났을 뿐인데요."

민수 아빠는 민수를 쳐다보며 흐뭇하게 웃었고, 민수도 아빠를 보며 환하게 웃었어.

마무리 태담

아가야, 민수의 키가 주인아저씨가 말한 속도로 자란다면 금세 머리가 하늘까지 닿겠지? 그래도 민수가 정직에 대해서 잘 말해 주어서 기분이 참 좋다. 우리 아기도 정직한 사람이 되기를 바란다. 그리고 키도 빨리 자랐으면 좋겠어. 물론 주인아저씨가 말한 속도라면 곤란하지만 말이야.

문을 잠그는 이유가 뭘까?

열쇠를 잃어버렸거나 문을 잠그는 걸 잊고 나가신 적이 있나요? '열쇠'나 '문'에 대한 경험을 떠올리고, 그 이야기를 들려주세요.

벚나무 거리로 유명한 하얀 마을에는 작은 집 열 채가 나란히 있어. 작은 집에 사는 사람들은 오순도순 정답게 살았지. 한 집에서 반찬을 만들어 나눠 주기도 하고, 일주일에 한 번은 모두 한 집에 모여 저녁을 같이 먹기도 했어. 어느 집에 슬픈 일이 있으면 모두 찾아가서 위로해 주고, 기쁜 일이 있으면 함께 기뻐해 주었지. 하지만 4월만큼은 왕래가 별로 없었어. 4월에 벚꽃이 피면 발 디딜 틈도 없을 정도로 사람들이 많이 찾아오거든.

지금 들려줄 이야기는 하얀 마을에 있는 작은 집 열 채 중에 세 번

째 집의 이야기야. 세 번째 집은 초록색 지붕과 파란색 문이 선명해서 눈에 가장 잘 띄는 집이지. 그 집에는 루비 아줌마와 아들이 살고 있어. 아들은 올해로 여덟 살이 되었지. 루비 아줌마는 몇 살이냐고? 아, 우리 아기는 아직 모르겠구나. 어른한테는 몇 살이냐고 묻는 게 아니라, "연세가 어떻게 되세요?" 하고 묻는 거야. 그럼 연세가 어떻게 되시냐고? 그건 비밀이야. 누가 루비 아줌마에게 나이를 물으면, 아줌마는 이렇게 대답하거든. "숙녀에게 나이를 묻는 건 실례랍니다."라고 말이야.

4월의 어느 날이었어. 루비 아줌마에게 아들이 말했지.

"엄마, 올해는 사람들이 더 많이 찾아오는 거 같아요."

"그래, 그렇구나. 저번에 텔레비전에 나와서 그런지, 사람이 더 많이 찾아오는 거 같구나."

"맞아요."

"오늘은 우리도 나가서 벚꽃 구경 좀 해 볼까? 시장에 가서 반찬거리도 사 오고 말이야."

"헤헤, 좋아요."

"우리 그냥 간장에 밥을 찍어 먹을까?"

"엄마, 그건 너무해요."

"왜?"

"간장에 밥을 찍어 먹다니……. 맛이 없을 거예요."

"그럼 뭐가 맛이 있을까?"

"생선이랑, 김이랑, 돌자반이랑, 오징어 볶음이랑, 김치찌개랑, 된장찌개랑, 콩나물 무침이랑, 장조림이랑……."

아들은 먹고 싶은 반찬을 줄줄 말했어. 엄마는 그 모습을 보고 피식 웃으며 말했지.

"우리 아들, 반찬 이름 말하다가 밤새겠다. 그만하고, 엄마랑 시장에 가서 같이 고르자."

"야호! 좋아요."

루비 아줌마는 시장바구니를 챙겼어. 아들은 점퍼를 입고 양말을 신었지. 루비 아줌마가 현관을 나서자 아들이 따라 나섰어. 아줌마는 열쇠로 문을 잠그고, 손잡이를 이리저리 돌려 보았지. 그 모습을 보며 아들이 물었어.

"엄마, 잘 잠겼나 보는 거예요?"

"그래."

"혹시 도둑이 들어올까 봐 확실히 잠그시는 거죠?"

"아니, 도둑 때문이 아니라 정직한 사람을 위해서란다."

아줌마의 말에 아들은 이해할 수 없다는 표정을 지으며 물었지.

"왜 정직한 사람을 위해서 문을 잠가요?"

"그게 궁금하니?"

"네."

"그래, 그럼 얘기해 줄게. 길을 가다 문이 열려 있는 집을 보면 정직하게 살던 사람이라도 남의 물건에 욕심이 생길 수 있는 법이거든. 그래서 문을 꼭 잠가 두는 거야. 도둑이야 문이 잠겨 있어도 어떻게든 문을 열어서 물건을 훔칠 거야. 하지만 착하고 정직한 사람도 문이 열려 있으면 한순간 그릇된 마음을 먹고 나쁜 잘못을 저지를 수 있단다. 나로 인해 다른 사람이 잘못을 저지르지 않도록 처음부터 그럴 만한 상황은 만들지 말아야 하는 거야. 이해가 되니?"

아들은 다 이해할 수는 없었지만, 대충 무슨 뜻인지 알아듣고 고개를 끄덕였어. 그리고 말했지.

"엄마, 문은 꼭꼭 잘 잠그시고요, 반찬은 장조림하고 생선이요!"

"귀여운 내 아들! 그래, 오늘 저녁 반찬은 장조림하고 생선이다."

"야호!"

루비 아줌마는 아들의 손을 꼭 잡고 벚꽃 길을 걸었어. 눈송이처럼 떨어지는 벚꽃을 맞으며 생각했지. 아들이 착하고 정직하고 건강하게 잘 자라만 준다면 더 바랄 것이 없다고 말이야.

마무리 태담

아가야, 착하고 정직한 사람도 한순간에 잘못을 저지를 수 있다는 루비 아줌마의 말을 들으며 고개를 끄덕이게 되네. 그리고 루비 아줌마의 생각과 엄마의 생각이 똑같다는 사실을 발견했단다. 엄마도 우리 아가가 착하고 정직하고 건강하게 잘 자라만 준다면 더 바랄 것이 없거든. 사랑한다, 우리 아가.

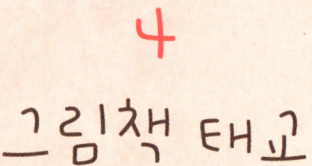

4
그림책 태교

　태교동화를 읽는 것도 좋지만, 실용적으로 그림책을 읽어도 좋아요. 왜 그게 실용적이냐고요? 그림책은 아이들이 자라도 계속 읽어 줄 수 있잖아요. 0~7세가 보는 그림책을 아기가 배 속에 있을 때도 읽어 주시고, 출산하신 후에도 계속 읽어 주세요. 어른들은 보통 책 한 권을 한 번 읽지만, 아이들은 여러 번 읽어 주실 수록 좋아요. 아이들은 읽을 때마다 다른 생각을 하고 다른 반응을 보입니다. 책 한 권을 두 번만 읽어도 지루하다고 느끼는 어른들과는 다르지요. 그림책을 지혜롭게 읽는 방법은 따로 있답니다.

1. 표지를 펼쳐서 보여 주세요.

　책의 표지는 앞면과 뒷면을 따로 디자인하는 게 아니라, 펼친 한 면으로

166

디자인하고 반을 접는 것이에요. 그래서 표지를 쫙 펼치면 한 장의 그림이 되는 책이 많아요. 아이를 키울 때 명화책을 보여 주시는 분들이 많은데, 표지를 펼쳐서 보여 주면 명화 부럽지 않은 그림이 된답니다. 그리고 한 장으로 이어지지 않은 표지라도 앞면과 뒷면이 책 내용을 함축적으로 담고 있어서 하나의 그림을 보는 것과 같은 효과를 주지요. 그러니까 표지는 꼭 펼쳐서 보여 주세요.

2. 책의 생일을 알려 주세요.

표지를 넘기면 책의 생일이 나옵니다. 책의 생일은 인쇄 날짜를 말하죠. 오랫동안 사랑 받은 책은 초판과 재판을 찍은 날짜가 나오는데요, 가능하면 가장 최근의 인쇄일을 읽어 주세요. 책의 생일을 알려 주는 것은 책을 의인화시키면서, 아이에게 책을 친구로 받아들이게 하는 방법입니다. 그런데 너무 오래된 년도를 이야기하면 감이 잡히지 않지요. 가장 최근의 인쇄일을 읽어 주면, 아이가 네 살 정도만 되어도 묻습니다. "엄마, 그럼 얘는 내 친구야? 동생이야?" 라고요. 그때 "응, 한 살 동생이야", "응, 한 살 형이네." 등으로 나이를 계산해서 말씀해 주시면 됩니다. 그러다가 자신이랑 생년이 똑같거나, 혹은 생일이 똑같은 책을 만나면 아이들은 신이 납니다. 친구들이 오면 그 책을 들고 "내 친구다!"라는 말을 하기도 하죠. 아이들이 이렇게 책을 친구나 형, 동생으로 받아들이면 책과 더욱 쉽게 친해질 수 있답니다.

3. 아이들이 그림을 볼 시간을 주세요.

　엄마들은 바쁩니다. 아이들이 책을 읽어달라고 하면 얼른 읽어 주고 빨리 설거지를 하거나, 인터넷 쇼핑을 하려고 생각하고 있지요. 처음 읽어 주는 책이라면 엄마도 재미있게 읽는데, 아이들은 자신이 재미있는 책이면 열 번이고 스무 번이고 읽어 달라고 합니다. 엄마들은 세 번만 읽어도 지루함이 뚝뚝 떨어지는데 말이지요. 그 심정, 경험자로서 십분 이해합니다. 그런데요, 그렇다고 빨리빨리 읽어 주시면 아이들이 그림책에서 받을 수 있는 좋은 에너지를 백 분의 일 정도밖에 받지 못합니다. 아이들은 열 번을 읽으면 열 번 다 다르게 그림책을 보거든요. 이번에는 이 그림의 색깔, 다음에는 이 그림의 모양, 다음에는 그림 속 사람의 표정……. 이렇게 아이들은 그때마다 다른 걸 발견합니다. 그런데 엄마가 책장을 빨리 넘기게 되면 새로운 걸 발견할 수 없게 되지요. 참 안타까운 일이 발생하는 겁니다. 그러니까 조금 힘드시더라도 아이에게 그림 볼 시간을 주세요. 마음속으로 3초를 세 주시면 돼요. 이때 주의할 점! 소리 내서 3초를 세면 안 돼요. "일 초, 이 초, 삼 초, 넘긴다!" 이렇게 말씀하시면 아이가 불안해져요. 그러니까 꼭 마음속으로 세시고, 책장을 천천히 넘겨 주세요.

4. 책 읽는 동안, 가르치지 마세요.

　우리는 책을 공부라고 배웠지요. 참 안타까운 일이에요. 그래서 우리 아이들은 책을 공부로 생각하지 않았으면 좋겠어요. 책을 친구로 받아들이면 더욱 좋지 않을까 하는 생각이 있답니다. 혹시 제 생각에 동의하시는 분이라면, 책 읽는 동안에는 가르치지 말아 주셨으면 좋겠어요. 예를 들어, 배려에 대한 이야기가 나오는 그림책을 보면서 "봐봐, 이게 배려야. 너도 배려해야지."라고 하거나, 친구에게 사과를 하는 그림이 나올 때 "친구랑 싸웠으면 이렇게 사과하는 거야."라고 하지 말아 달라는 거죠. 기억해 보면요, 우리도 어렸을 때 이게 배려이고 사과라고 배우지는 않았어요. 살면서 배려를 하게 되었을 때도 "음, 이게 배려지."라고 하지는 않았죠. 어느새 삶으로 살게 될 때 자연스럽게 알게 되고, 어렸을 때 보았던 그 그림책에서도 그런 장면이 나왔다는 기억을 하게 되는 거죠. 꼭 말로 가르치지 않아도 아이들은 그림을 보고 마음에 저장을 해요. 그리고 필요할 때 꺼내서 실천하게 되는 거죠. 그런데 가르치게 되면 아이는 책을 읽는 동안에 내내 공부한다는 느낌을 받아요. 지루하고 재미없죠. 글씨를 읽어 주시되, 가르치고 싶은 말은 침 한번 꼴깍 삼키고 참아 주세요. 그럼 아이가 스스로 생각하고 받아들일 거예요. 직접 가르치는 것보다 훨씬 넓고 깊게 배우는 거죠.

05

우리 함께 삶의
지혜를 배워 보자

의성어나 의태어를 꼭 읽어 주세요.

이야기를 읽다 보면 의성어나 의태어가 많이 나오지요?
간혹 의성어나 의태어를 건너뛰는 분들이 계신데,
그러지 마시고 꼭 읽어 주기를 부탁드려요.
의성어나 의태어는 이야기의 재미와 생동감을 더해 주는
천연 조미료랍니다.
또한 아기의 감성을 풍부하게 하고,
언어 감각을 높여 주는 효과가 있지요.

황후의 얼굴이 포도주처럼 붉어졌지

시작 태담

친구에게 초대를 받았던 일이나 친구를 초대했던 일을 이야기해 주세요.

김똑똑 선생은 기분이 좋아졌어. 로마 황후가 초대장을 보냈거든.

「김똑똑 선생을 로마 궁궐로 초대합니다.

— 로마 황후 보냄」

김똑똑 선생은 초대장을 보며 싱글벙글 웃었어. 그 모습을 본 제자
가 물었지.

"선생님, 무슨 기분 좋은 일 있으세요?"

"응, 그래. 로마 황후가 나를 초대했구나."

"와, 그럼 얼른 가 보셔야죠."

"그래, 다녀오마."

김똑똑 선생은 학교를 나섰어. 궁궐로 가다가 동네 사람들을 만나면 반갑게 인사하기도 하고, 길을 묻는 할머니에게 길을 가르쳐 주기도 했지. 동네 사람들은 김똑똑 선생을 보면서 소곤거렸어.

"저 선생님이 어려운 학문을 그렇게 재미있게 설명한다면서요?"

"그럼요, 학식도 높고 무척 총명하다고 소문이 자자하지요."

"그런데 얼굴이 너무 못생겼네요."

"신은 공평하잖아요. 아니 저렇게 훌륭한 양반이 얼굴까지 잘생기면 우리가 너무 억울하지 않아요?"

"하하하, 그러네요, 그래요."

김똑똑 선생은 열심히 걸어갔지. 궁궐이 그리 멀지는 않았어. 궁궐로 가다가 넘어진 할아버지를 일으켜 드리기도 하고, 며칠 동안 학교에 안 나온 제자를 만나서 격려해 주기도 했지. 어느새 궁궐에 도착한 김똑똑 선생은 입이 쩍 벌어졌어. 궁궐이 정말 눈부시게 화려했거든.

"그대가 김똑똑인가?"

황후가 물었어.

"네, 안녕하십니까, 황후 마마."

"그래, 거기 앉게나."

김똑똑 선생님은 황후가 가리킨

의자에 앉았어.

짝짝!

황후가 박수를 두 번 치자, 시종이 포도주 두 잔을 가져왔지. 황후
와 김똑똑 선생은 포도주를 마시면서 이야기꽃을 피웠어. 황후는 김
똑똑 선생의 이야기를 공감하며 들었어. 김똑똑 선생도 그 마음을 느
끼며 기뻐했지. 그런데 얼마쯤 지나서, 황후가 기쁨을 깨뜨릴 만한 말
을 꺼냈어.

"오, 그대의 지혜는 참 훌륭하네. 그런데 그 훌륭한 지혜가 참 못생
긴 그릇에 담겨 있구면, 하하하."

황후의 놀림에 김똑똑 선생은 눈 하나 깜짝 않고 물었어.

"허허, 제가 좀 못생겼지요. 그런데 제가 질문 하나 드려도 될까
요?"

"무엇이오? 어디 해 보시오."

"황후 마마, 로마 궁궐에서는 포도주를 어떤 그릇에 담그시나요?"

"포도주야 당연히 나무통에 담그지."

"어허, 황후 마마께서 드시는 포도주를 어찌 보잘것없는 나무통에 담근단 말입니까? 그 많은 금 그릇과 은그릇들은 다 어디에 쓰시렵니까?"

"오호, 그대의 말을 듣고 보니 그렇구면."

황후는 고개를 끄덕이며 시종을 불렀지. 시종에게 나무통에 담그던 포도주를 금 그릇과 은그릇에 옮겨 놓으라고 했어. 김똑똑 선생은 그 모습을 보며 씩 웃었지.

며칠 뒤, 시종은 황후에게 급히 가서 말했어.

"황후 마마, 금 그릇과 은그릇에 옮겨 담은 포두주가 다 상하고 말았습니다."

황후는 그 말을 듣고 얼굴이 붉으락 푸르락해져서 말했지.

"아니, 나를 속였단 말이냐? 당장 김똑똑 선생을 불러들여라."

시종은 황급히 가서 김똑똑 선생 을 데리고 궁궐로 들어왔어. 황후

는 김똑똑 선생에게 큰 소리로 따져 물었지.

"그대가 어찌 나를 속였단 말이냐?"

"감히 제가 어찌 황후 마마를 속일 수 있겠습니까?"

"아니, 그럼 학식이 높은 그대가 금 그릇과 은그릇이 포도주 맛을 변하게 한다는 걸 몰랐단 말이오?"

황후는 소리를 버럭 질렀고, 김똑똑 선생은 조용하고 침착하게 대답했지.

"저는 훌륭한 것도 때로는 보잘것없는 그릇에 담아 두는 게 좋다는 걸 가르쳐 드리고 싶었을 뿐입니다."

김똑똑 선생의 말을 들은 황후의 얼굴이 포도주처럼 붉어졌지. 황후는 아무 대답도 하지 못하고 김똑똑 선생을 돌려보냈어.

마무리 태담

아가야, 황후가 정말 부끄러웠겠다. 그러니까 사람을 그렇게 놀리면 안 되는 건데 말이야. 아무리 높은 자리에 있어도 사람을 낮추어 보면 안 되는 거지. 높아질수록 더욱 겸손해져야 진정 높은 사람이지 않을까? 우리는 사람을 소중하게 여기고, 항상 겸손한 자세로 사람을 대하자. 그렇게 참 괜찮은 사람이 되자.

탈무드의 가르침은 달라

시작 태담

마음 깊이 새기고 있는 격언이나 언젠가 힘을 주었던 글귀를 이야기해 주세요.

옛날 어느 마을에 큰 농장을 가진 부자가 살고 있었어. 이 부자는 무척 착한 사람이었어. 추수를 마친 늦가을이 되면 돈이 필요한 선생들이 찾아왔지. 그 선생들은 어려운 학생들을 돕는 착한 선생들이야. 부자는 언제나 그 선생들에게 기꺼이 많은 돈을 내주었어.

"고맙습니다. 하나님의 축복을 받으십시오."

선생들이 꾸벅 인사했어. 그러면 부자는 온화한 표정으로 말했지.

"이 돈은 하나님께서 내게 풍년이 들게 해 주셔서 얻은 것입니다. 그러니 선생들도 이 돈으로 좋은 일을 많이 하시고 하나님의 축복을

많이 받으십시오."

"물론입니다. 그렇게 해야지요."

선생들은 돌아갔고, 또 다음해 추수를 마칠 때가 되면 찾아왔어. 부자는 기꺼이 많은 돈을 내주었고, 선생들은 돈을 가지고 돌아가서 어려운 아이들을 도왔지. 그렇게 몇 해가 지나고 여름이 되었어. 갑자기 많은 비가 내리기 시작했지. 우르릉 쾅쾅 천둥이 울리더니 후드득후드득 비가 내리기 시작했지. 며칠 동안 비가 그칠 줄 모르고 내리더니 마침내 거센 바람이 불고 폭풍우가 몰아쳤어. 나무가 쓰러지고 밭이 뭉개졌지. 부자의 농장도 큰 피해를 입었어. 곡식 한 톨도 거둘 수 없게 되었어. 농장이 엉망이 되자, 부자에게 농사 자금을 빌려줬던 사람들이 한꺼번에 몰려와서 재산을 모두 빼앗아갔지. 부자는 빈털터리가 되었어. 그리고 또 가을이 되었지. 부자가 매년 후원을 했던 선생들이 또 찾아왔어. 선생들은 뭉개진 밭과 엉망이 된 농장을 보고는 깜짝 놀랐지.

"아니, 여기도 폭풍이 몰아닥쳤나 봐요."

"그러게요. 아주 엉망이 되었네요. 우리를 도와줬던 부자 양반은 괜찮을까요?"

"괜찮을 리가 있겠어요. 여기 보니 괜찮은 데가 하나도 없는데요."

"그럼 우리 그냥 돌아갈까요? 괜히 우리를 보고 도와주지 못하면 속상하실 거 같아요."

"그래도 인사나 드리고 갑시다. 그동안 우릴 도와주셨던 분인데 이렇게 된 걸 보고 그냥 갈 수가 있나요."

"그래요, 그럽시다. 그게 도리지요."

선생들은 부자네 집으로 향했어. 부자는 허름한 옷을 입고 선생들을 맞이했지.

"어서 오세요. 기다리고 있었습니다."

"소식은 들었습니다. 안타까울 뿐이네요. 식사는 잘 하고 계시지요?"

"네, 이렇게 되긴 했지만 끼니를 거를 정도는 아닙니다. 다시 열심히 해서 일어나면 되겠지요. 걱정 마세요."

"네, 걱정은 하지 않고 기도하겠습니다. 워낙 좋으신 분이니 곧 다시 잘되실 거예요."

"네, 감사합니다. 그리고 이거 받으십시오."

부자는 금으로 만든 촛대와 그릇을 건넸고, 선생들은 깜짝 놀라며 손사래를 쳤어.

"이걸 저희가 어떻게 받겠습니까? 넣어 두세요."

"이걸 팔아서 저보다 더 가난한 사람들을 돕는데 써 주세요. 이렇게 되고 보니 어려운 사람들의 심정을 더 잘 알겠습니다. 그런데 나눔을 게을리할 수는 없지요. 어서 받으세요."

부자는 선생들의 손에 촛대와 그릇을 억지로 쥐어 주고, 환하게 웃었어. 선생들은 어쩔 수 없이 그것들을 받아서 돌아갔지.

선생들이 돌아가자, 부자는 다시 밭을 일구었어. 가축이라고는 비쩍 마른 소 한 마리밖에 남지 않았지만 다시 힘을 내기로 했지. 부자

는 땀을 뻘뻘 흘리며 소를 몰았
어. 며칠 동안 열심히 밭을 일구었
지. 그러던 어느 날, 부자는 무엇인가에
발이 걸려 철퍼덕 넘어졌어.

"아이쿠, 이게 뭐냐?"

부자는 일어나서 자신이 무엇에 걸린 것인지 자세히 살펴보았어.
자세히 보니 무슨 상자의 모서리처럼 보였지. 부자는 얼른 삽을 들고
와서 땅을 팠어. 열심히 파 보니 정말 큰 상자가 모습을 드러냈어. 한
번에 들기도 힘들 만큼 크고 무거운 상자였지. 부자는 끙끙거리며 상
자를 들고 땅 위에 쿵 내려놓았어. 그리고 상자의 뚜껑을 열었는데,
이게 웬일이야? 글쎄, 상자 속에 반짝거리는 보석이 가득 들어 있지
뭐야. 부자는 꿈을 꾸는 것만 같아서 볼을 꼬집어 보았지.

"아야, 진짜구나. 진짜야."

부자는 꿈이 아니라는 걸 알고 기쁨의 눈물을 흘렸어.

다음 해가 되었어. 추수가 끝난 가을이 되었지. 선생들은 부자가 어
떻게 살고 있는지 궁금해서 다시 찾아갔어. 그런데 선생들이 찾아간
부자의 집은 텅 비어 있었지. 선생들은 걱정이 되어서 이웃에게 부자

의 소식을 물었어.

"아니, 여기 살던 부자 양반은 어디로 가셨소?"

"아, 부자 어른을 찾아오셨군요. 그 어른은 다시 부자가 되셔서 저쪽에 있는 큰 농장에 있는 집으로 이사를 가셨습니다. 그리로 가시면 만나실 수 있을 거예요."

선생들은 이웃의 말대로 농장에 있는 큰 집을 찾아갔어.

"어서 오십시오. 기다리고 있었습니다."

부자는 선생들을 반갑게 맞이했어. 그리고 그 동안 있었던 일들을 차근차근 이야기했지. 선생들은 부자의 이야기를 들으며 함께 기뻐했지. 그리고 집으로 돌아오면서 이야기를 나누었어.

"역시 탈무드의 가르침은 틀림없어요."

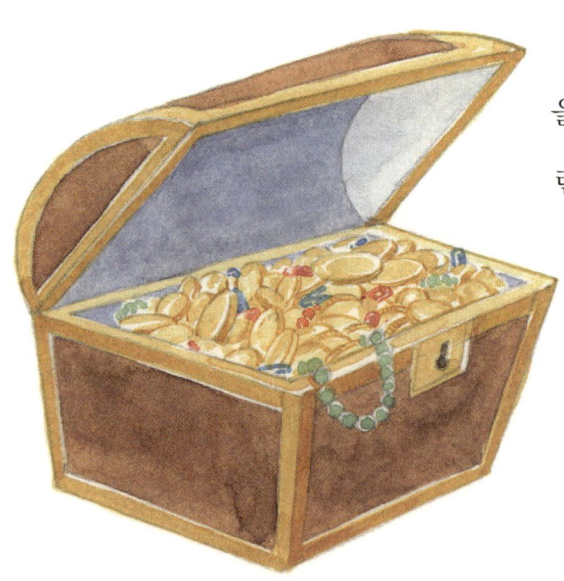

"맞아요. 대부분의 사람들은 남을 돕기 위해 기부한 돈은 잃어버린 돈으로 생각합니다. 하지만 탈무드에서는 남에게 무엇인가

베풀면, 베푼 만큼 자신에게 돌아온다고 가르치잖아요."

"그렇죠. 남을 돕기 위해 베푸는 건 자기 자신에게 베푸는 거니까요. 남에게 베풀면 그만큼 돌아오지요."

선생들은 이런 이야기를 하며 집으로 돌아가는 발걸음이 무척 가벼웠대.

마무리 태담

아가야, 우리도 탈무드의 가르침을 배우자. 우리가 행복한 것도 중요하지만, 더불어 행복한 것이 더 중요한 거야. 사람은 혼자 살 수 없는 거잖아. 우리는 이웃들의 손을 잡고 살자. 더 어려운 사람들에게 베풀며 살자. 남에게 베풀면 그만큼 돌아온다는 탈무드의 가르침을 믿으면서 말이야.

잃어버린 돈을 다시 찾을 수 있을까?

어느 시골에 장사꾼이 살고 있었어. 장사꾼은 등짐을 지고 이 마을 저 마을로 다니면서 장사를 했지. 그러던 어느 날이었어. 장사꾼은 열심히 길을 걸어 가다가 다리가 아파서 잠시 나무 그늘에서 땀을 식히고 있었지. 그러다가 갑자기 무릎을 탁 치며 "옳지! 그러면 되겠다."고 말했어. 머릿속에 기가 막힌 생각이 떠올랐거든.

'이웃 마을에서 물건을 싸게 파는 곳을 찾아서 물건을 사야겠어. 그리고 다시 이 마을로 와야지. 그럼 힘들게 등짐을 지고 다니지 않아도 장사를 할 수 있잖아.'

장사꾼은 벌떡 일어나서 옆 마을을 향해 뚜벅뚜벅 걸어갔어. 이마에 땀이 삐질 나고, 다리는 힘이 풀려 후들후들거렸지. 얼마나 더 가야 하나, 다시 돌아가야 하나, 고민하기 시작할 즈음 언덕 아래로 마을이 보였어. 그런데 이게 웬일이야. 그 마을에는 으리으리한 건물들도 많고, 사람도 굉장히 많았지.

'힘들지만 포기하지 않길 잘했어. 이런 마을이라면 물건도 아주 많을 거야.'

장사꾼은 다시 힘을 내서 언덕을 걸어갔지.

"여기는 시장이 어디인가요?"

"네, 바로 저 앞에 시장이 있습니다."

행인에게 물으니 시장의 위치를 가르쳐 주었어. 장사꾼은 드디어 시장에 도착했지. 시장에는 발 디딜 틈도 없었어. 그래도 물건에 대한 정보를 얻으려고 이곳저곳을 기웃거렸지.

"여기가 처음인가 보군. 어딜 찾는 건가?"

과일을 파는 할머니가 장사꾼에게 물었어. 장사꾼은 흠칫 놀라며 자신이 여기에 처음 온 것을 어떻게 알았냐고 물었지.

"벌써 다섯 번째 이 앞을 지나가는 거네. 처음이니까 길을 몰라 그러는 거 아닌가?"

할머니가 대답을 듣고 장사꾼은 피식 웃으며 말했지.

"맞습니다, 할머니."

"목이 마르겠구먼. 이거나 하나 먹게."

할머니는 사과 하나를 내밀었고, 장사꾼은 꾸벅 인사를 하고 사과를 아기작 깨물었지. 사과의 달콤함이 입안에 고루 퍼졌어. 장사꾼은 사과를 먹으며 할머니에게 물었어.

"할머니, 제가 여기서 물건을 싸게 사서 이웃 마을에 팔려고 하는데요. 어디에 가야 물건을 싸게 살 수 있을까요?"

"그럼 삼 일만 기다려야겠네."

"왜 삼 일을 기다려요?"

"삼 일 후에 시장이 크게 서거든. 살 물건이 있으면 그때 사야해. 물건 값이 무척 싸거든."

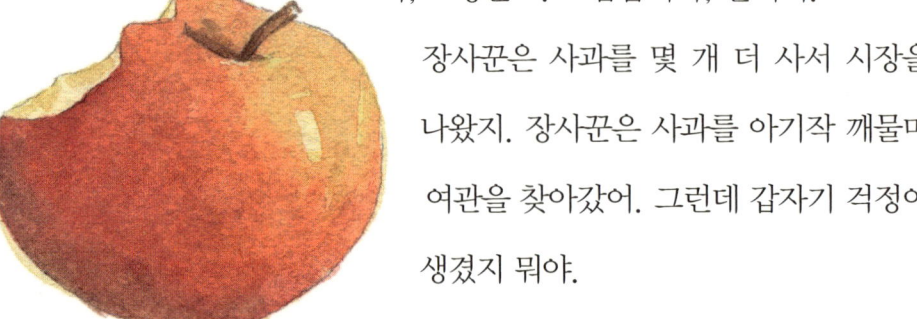

"아, 그렇군요. 고맙습니다, 할머니."

장사꾼은 사과를 몇 개 더 사서 시장을 나왔지. 장사꾼은 사과를 아기작 깨물며 여관을 찾아갔어. 그런데 갑자기 걱정이 생겼지 뭐야.

'삼 일을 기다리는 건 좋은데, 물건을
사려고 가져온 돈을 누가 훔쳐 가면
어떡하지?'

　장사꾼은 여관으로 향하던 발걸음을
돌려서 마을 입구에 있던 언덕으로 갔어. 주위를
살펴보니 아무도 없었지. 장사꾼은 땅을 푹푹 파고 돈주머니를 묻었
어. 땅을 팠던 흔적을 없애려고 발로 탁탁 밟고, 또 손으로 툭툭 쳤지.
땅은 다시 편평해졌어. 장사꾼은 그제야 안심하고 여관으로 향했지.
이틀을 잘 쉬고 삼 일째 되던 날, 새벽부터 부리나케 언덕으로 달려갔
어. 그리고 땅을 다시 푹푹 팠지. 그런데 이게 웬일이야? 돈주머니가
보이지 않는 거야. 아무리 땅을 파고 또 파도 돈주머니가 보이지 않
았어.

　'이게 어떻게 된 거야? 분명히 아무도 본 사람이 없는데, 누가 훔쳐
갔단 말이지?'

　장사꾼은 눈앞이 캄캄해졌어. 다리에 힘이 풀려 털썩 주저앉고 말
았지. 그런데 그때, 건너편에 집이 한 채 보이는 거야. 분명히 돈을 묻
으러 왔을 때는 보이지 않았는데 말이야.

"혹시 저 집에서 보면 내가 돈을 묻는 모습이 보였을까?"

장사꾼은 일어나서 그 집 쪽으로 걸어갔어. 그리고 집 앞에 서서 자신이 돈을 묻었던 쪽을 바라보았지. 그랬더니 정말 선명하게 돈을 묻은 언덕이 보이는 거야. 그리고 또 자세히 살펴보니 벽에 동그랗게 구멍이 나 있지 뭐야.

'이 구멍으로 내가 돈주머니를 땅에 묻는 걸 보고 꺼내간 것인지도 모르겠어.'

이렇게 생각한 장사꾼은 그 집 대문을 쾅쾅쾅 두드렸어.

"누구시오?"

집 주인이 나왔어. 수염이 길게 난 할아버지였지. 진짜 그 할아버지가 도둑일까? 장사꾼은 잃어버린 돈을 다시 찾을 수 있을까?

곧 알 수 있을 거야. 이야기를 좀 더 들어 봐. 장사꾼은 침착하게 입을 열었어.

"네, 저는 시골에서 올라온 장사꾼입니다. 걱정거리가 생겨서 여관 주인에게 물어보니까 할아버지께서 제일 지혜로우신 분이라고, 여기를 가르쳐 주더군요. 그래서 의논하려고 찾아왔습니다."

"허허, 내가 지혜롭긴 하지. 그래, 물어보시게나."

"오늘 물건을 싸게 파는 시장이 선다는군요. 그래서 금화 백 냥과 금화 이백 냥이 든 돈주머니 두 개를 갖고 물건을 사러 왔답니다. 그런데 제가 여기에 삼 일 전에 도착했기에 그 사이에 돈을 잃어버릴까 걱정이 되었죠. 그래서 우선 금화 백 냥은 아무도 모르는 언덕에 묻었는데, 금화 이백 냥이 든 돈주머니는 어떻게 해야 할지가 걱정이랍니다. 이백 냥이 든 돈주머니도 땅에 묻는 게 안전할까요? 아니면 여관 주인에게 맡기는 게 안전할까요?"

장사꾼의 말을 들은 할아버지는 환하게 웃으며 말했어.

"으음, 내 생각에는 돈주머니를 묻은 데다 같이 묻는 게 안전할 거 같네."

"아, 그럼 두 시간 후에 묻어야겠네요."

"지금 묻지, 왜 두 시간 후인가?"

"아, 돈을 여관에 두고 와서요. 가서 아침을 먹고 돈을 가져와 묻으려고요. 어차피 시장은 낮부터 선다고 들었는데, 맞나요?"

"그렇지, 정오부터 설 거네."

"네, 정말 감사합니다."

장사꾼은 그 길로 돌아갔어. 그리고 할아버지는 장사꾼이 돈을 묻었던 언덕으로 갔어. 왜냐고? 금화 이백 냥을 얻으려면 어제 훔쳐 온 금화 백 냥을 다시 묻어야 하니까 말이야. 장사꾼이 땅을 팠을 때 금화 백 냥이 없어진 걸 알면 이백 냥을 묻지 않을 테니 얼른 가서 금화 백 냥을 다시 묻어 두려고 한 거지. 흐흐, 이제 알겠지? 맞아, 이 할아버지가 도둑이었어. 할아버지는 헐레벌떡 뛰어가서 금화 백 냥을 묻었어. 그리고 장사꾼은 몰래 숨어서 지켜보다가 할아버지가 떠나자 다시 땅을 푹푹 팠지. 그래, 장사꾼은 잃어버렸던 돈을 다시 찾았어. 그리고 시장으로 가서 물건을 싸게 사 가지고 마을을 다니며 장사를 했대. 그리고 아마 오래오래 행복하게 살았다지?

마무리 태담

아가야, 정말 다행이다. 잃어버린 돈을 다시 찾을 수 있어서 말이야. 사람의 지혜는 참 중요한 거 같아. 같은 상황에서도 지혜를 발휘하면 상황이 나아지고, 문제를 뛰어넘게 되는 걸 보게 된단다. 우리 아가도 어떤 문제가 생겼을 때 당황하거나 주저앉기 보다는 침착하게 잘 생각해 봐. 어떻게 행동하는 것이 지혜를 발휘하는 건지 말이야. 지혜롭게 생각하고 행동하는 네가 되었으면 좋겠어.

도둑을 위해서 기도하자고요?

시작 태담

처음에는 얄미웠던 친구지만 나중에는 친해진 경험이 있나요?
혹은 자신이 잘못했는데 상대방이 너그럽게 이해해 준 적이 있나요?
그런 경험에 대해 이야기해 주세요.

어느 시골에 사는 선생이 제자와 함께 예루살렘으로 여행을 떠나게 되었어. 제자는 짐을 싸면서 들뜬 목소리로 말했지.

"선생님, 드디어 여행 가는 날이에요!"

"그래, 그렇게 신이 나느냐?"

"네, 그럼요. 얼마나 기다렸는데요."

"하하, 그래, 네가 기쁘다니 나도 좋구나. 그럼 이제 떠나 볼까?"

"네! 당장 떠나요!"

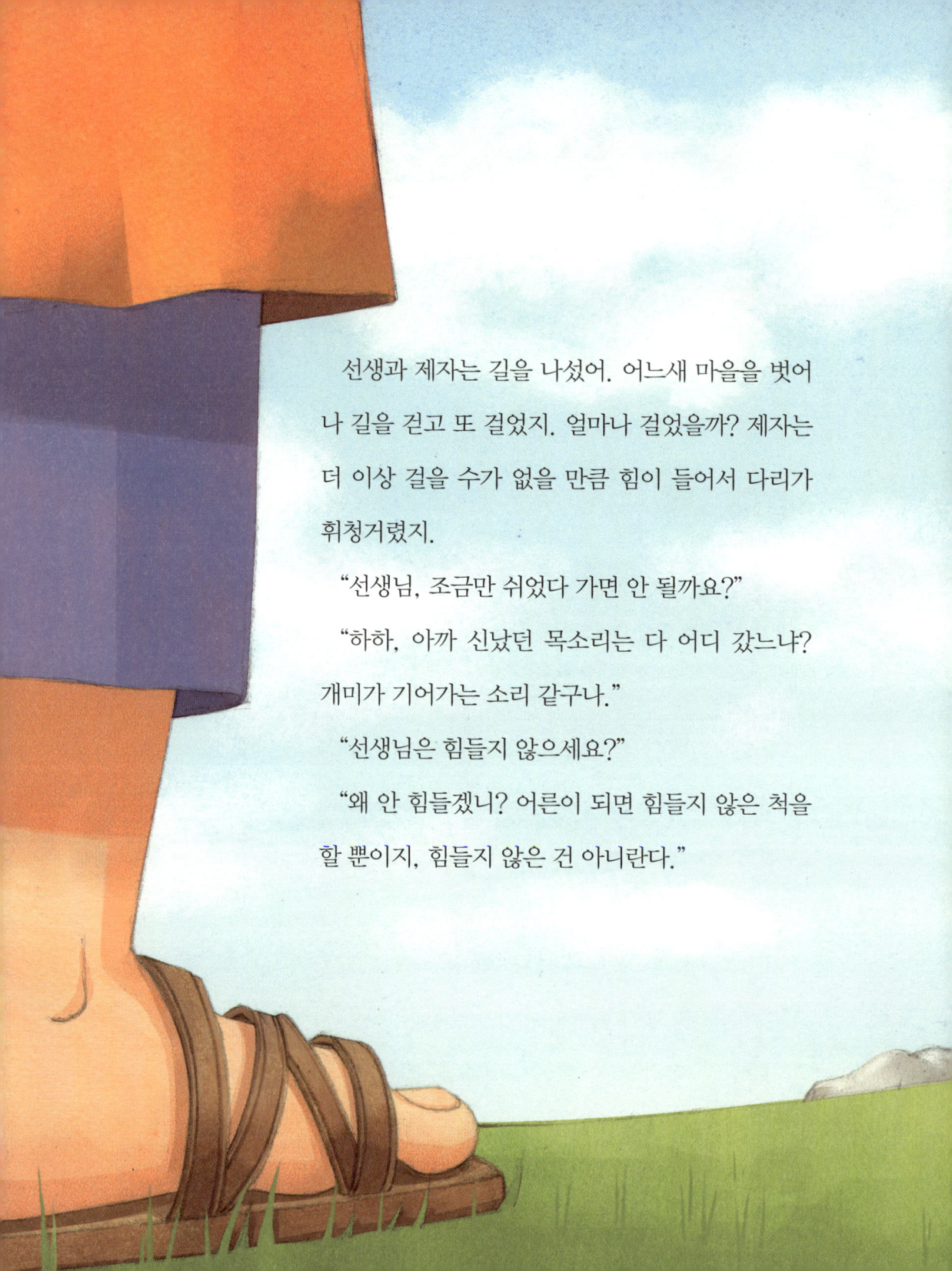

선생과 제자는 길을 나섰어. 어느새 마을을 벗어
나 길을 걷고 또 걸었지. 얼마나 걸었을까? 제자는
더 이상 걸을 수가 없을 만큼 힘이 들어서 다리가
휘청거렸지.

"선생님, 조금만 쉬었다 가면 안 될까요?"

"하하, 아까 신났던 목소리는 다 어디 갔느냐?
개미가 기어가는 소리 같구나."

"선생님은 힘들지 않으세요?"

"왜 안 힘들겠니? 어른이 되면 힘들지 않은 척을
할 뿐이지, 힘들지 않은 건 아니란다."

"헤헤, 그럼 여기 좀 앉았다 가요."

"그래, 그러자."

선생과 제자는 한적한 언덕에 앉아서 숨을 고르고 있었어.

그런데 바로 그때였어. 어디선가 불쑥 도둑들이 나타나 소리

쳤지.

"꼼짝 마! 가진 돈을 다 내 놔라!"

깜짝 놀란 제자는 선생의 옆으로 더 가까이 가서 선생의 팔을 잡았지. 제자가 부들부들 떠는 게 느껴져서 선생은 제자의 손을 꼭 잡아 주었어.

"돈을 내놓지 않고 뭐하고 있느냐?"

도둑이 선생에게 윽박질렀고, 선생은 침착해지려고 애쓰며 말했지.

"나는 선생이오. 이 아이는 내 제자요. 우린 예루살렘으로 가는 길인데, 가진 것이 별로 없다오."

"헛소리하지 말고 있는 대로 다 내 놔!"

선생은 할 수 없이 가지고 있는 돈을 탈탈 털어 주었어. 도둑은 돈이 더 있을 것 같았는지, 짐을 다

헤집어 보았지. 돈이 없는 것을 확인하고서야 쏜살같이 사라졌어. 제

자는 여전히 떨고 있었고, 선생은 괜찮다며 제자의 어깨를 꼭 감싸 주

었지. 그러자 제자가 선생에게 말했어.

"선생님, 저런 도둑들은 다 없어져 버려야 해요."

"애야, 우리는 공부를 한 사람들이다. 그리고 앞으로도 공부하며 지

혜를 쌓아갈 사람들이다. 그런 우리가 그렇게 이야기하면 안 된단다."

"그럼 어떻게 이야기해야 되나요?"

"도둑들에게 벌주는 건 우리에게 아무 이익도 되지 않아. 화를 내면

우리 마음만 어지럽혀지지. 우리가 해야 할 건 그들을 위한 기도야. 자기들이 지은 잘못을 뉘우치고 착한 사람이 되기를 기도해야지. 도둑들이 잘못을 뉘우치고 착한 사람이 되어야 우리 사회에 이익이 되는 거지. 우리 사회가 좋아지면 우리도 좋은 거 아니겠니?"

마무리 태담

아가야, 선생님이 정말 좋은 말씀을 하셨네. 제자는 아무 말도 못하고 고개만 끄덕이고 있을 것 같아. 우리도 살다 보면 벌주고 싶은 사람들을 만날 거야. 정말 미운 사람도 생기겠지. 하지만 그들을 용서하고 축복하며 그들을 위해 기도할 수 있었으면 좋겠다. 참 어려운 일이겠지만 말이야. 그런 사람이 되도록 함께 노력해 보자.

선생님이 설명을 참 잘하시네

시작 태담

학창 시절의 선생님에 대해 이야기해 주세요. 재미있었던 선생님이나 설명을 쉽게 해 주던 선생님에 대해서요.

오늘의 이야기는 궁전에서 시작해. 궁전에서도 황제의 방이지. 넓고 화려한 황제의 방에서는 선생의 목소리가 들리고 있었어. 선생은 황제에게 구약 성서를 가르치고 있었지. 어떻게 가르쳤냐고? 지금부터 들려줄게. 선생의 이야기를 잘 들어 봐.

"세상을 다 만든 다음에 하나님은 당신의 모습대로 진흙을 빚었습니다. 후우, 하고 입김을 불어넣으니 사람이 되었지요."

"왜 선생이 믿는 하나님은 사람을 가장 마지막에 만들었소?"

이야기를 듣던 황제가 물었고, 선생은 친절하게 대답했지.

"하나님은 당신이 만드신 것들 가운데서 사람을 가장 사랑하기 때문입니다. 그래서 살기 좋은 에덴동산을 만들고 거기서 살게 한 거랍니다."

"그렇군. 그럼 계속 얘기하시게."

"네, 첫 번째 사람인 남자에게 하나님은 아담이란 이름을 지어 주셨어요. 아담은 사람이라는 뜻이지요. 아담은 아름답고 멋진 에덴동산에서 동물들과 사이좋게 뛰놀았습니다. 하지만 아담은 외로웠지요. 짝꿍이 없었으니까요. 하나님은 그 모습을 보고는 짝꿍을 만들어 줘야겠다고 생각했습니다. 그리고 하나님은 아담이 잠들었을 때 아담의 갈비뼈 하나를 슬쩍 빼서 입김을 불어넣었습니다. 아담의 갈비뼈가 예쁜 여자로 변했고, 그 여자는 아담의 짝꿍이 되었습니다. 그 여자의 이름은 이브였지요."

"으하하하!"

이야기를 들은 황제가 큰 소리로 웃었고, 선생은 어리둥절한 표정으로 물었지.

"왜 웃으시나요?"

"선생, 당신이 믿는 하나님은 도둑이오?"

"네? 하나님이 도둑이라니요? 그게 무슨 말씀입니까?"

"아담이 잠을 자고 있을 때, 아담에게 허락도 받지 않고 갈비뼈를 훔쳤잖소. 내 말이 틀리오? 그렇다면 설명을 해 보시오."

선생은 화가 났지만, 화를 참고 곰곰이 생각해 본 후에 말했어.

"황제 폐하, 그 문제는 나중에 대답하겠습니다. 그것보다 먼저 풀어야 할 문제가 있습니다."

"그게 뭐요?"

"저희 집에 심각한 문제가 생겼는데, 그 문제는 황제 폐하만이 풀 수 있으리라 확신합니다."

"흠……. 그렇다면 말해 보시오."

"실은 어젯밤에 도둑이 들어서 은 촛대를 훔쳐 갔지요."

"뭐 다른 건 없어지지 않았소?"

"네, 그런데 이상한 일이 있었지요. 은 촛대를 훔쳐 간 도둑이 이상하게 황금 접시를 두고 갔지 뭡니까?"

"황금 접시는 두고 은 촛대만 훔쳐 갔다? 그런데 그게 무슨 걱정거리가 되나요? 그걸 도둑이 들었다고 할 수 있겠소? 그런 도둑이라면 우리 궁궐에도 들었으면 좋겠구먼."

"황제 폐하, 바로 그겁니다. 아담에게서 갈비뼈를 빼 냈지만, 대신 이브라는 짝꿍을 주셨지요. 황제 폐하께서 사랑하시는 황후 마마와 공주 마마도 하나님이 주신 선물이랍니다."

황제는 아무 말도 할 수 없었지. 당연히 할 말이 없었겠지? 황제가 아무 말도 할 수 없게 선생님이 설명을 잘하셨으니까 말이야.

마무리 태담

아가야, 너는 하나님이 주신 선물이야. 최고로 좋은 선물이지. 은 촛대나 황금 접시 이백 개를 준대도 바꿀 수 없는, 이 세상을 다 준대도 바꿀 수 없는 선물이야. 너에게 나도 그런 선물일 수 있었으면 좋겠어. 그렇게 서로에게 주신 선물이라 생각하며, 소중하고 귀하게 여기면서 행복하게 살자.

누가 얼굴을 씻을까?

아주 먼 옛날, 햇볕이 내리쬐는 여름날이었어. 어느 학교에서 있었던 일이야. 아이들이 교실에서 왁자지껄 떠들고 있었는데, 드르륵 문이 열렸지. 하얀 수염이 덥수룩한 선생님이 들어와서 교탁 앞에 섰어.

"오늘은 지각한 사람이 하나도 없구나. 참 잘했다. 자, 그럼 오늘은 무슨 공부를 할까?"

선생님이 말했지. 하지만 아이들은 생각만 할 뿐, 아무 대답도 하지 않았어. 무슨 생각을 했냐고?

'아, 오늘 진짜 공부하기 싫다.'

'날씨가 더워서 그런지 놀고 싶다.'

'오늘은 공부 안 하면 안 될까?'

이런 생각들을 했지. 선생님은 씩 웃으며 말했어.

"이 녀석들, 꾀가 나는 모양이구나."

아이들은 그제야 하나둘 입을 열었지.

"선생님, 오늘은 놀면 안 될까요?"

"선생님, 수수께끼를 내 주실래요?"

"선생님, 문제를 내시면 저희가 맞출게요."

"선생님, 공부는 한 시간만 쉬고 하면 안 될까요?"

각자의 생각을 말한 아이들은 초롱초롱한 눈빛으로 선생님을 바라보았어. 선생님은 빙그레 웃으며 말했지.

"그래, 그럼 공부는 하지 말고, 문제를 하나 내 볼까?"

"와아~!"

아이들이 환호성을 질렀고, 선생님은 피식 웃으며 말했지.

"지금부터 이야기를 시작할 거다. 이야기를 잘 들어야 풀 수 있는 문제를 낼 거란다. 그럼 이야기를 잘 들어야겠지?"

"네에!"

아이들이 동시에 대답했고, 선생님은 차분한 목소리로 이야기를 시작했지.

"바람이 솔솔 부는 어느 가을날이었단다. 어머니가 큰아들한테 말했지. 오늘은 날씨가 참 좋으니 동생하고 굴뚝 청소를 하고 오라고 말이다. 형은 동생과 함께 청소도구를 챙겨 들고 굴뚝으로 갔단다. 장마가 지나가고 난 뒤라서 굴뚝에는 검댕이가 엄청 많이  끼어 있었다. 하지만 형과 동생은 불평하지 않았지. 굴뚝 안으로 함께 들어가서 열심히 청소를 하고 나왔어. 그런데 형은 얼굴에 검댕이가 묻어서 새까맣고, 동생은 아주 깨끗한 얼굴로 나왔지 뭐냐? 자, 여기서 문제를 내마. 형과 동생 중 누가 얼굴을 씻겠느냐?"

"저요!"

한 아이가 손을 번쩍 들었지.

"그래, 대답하거라."

"얼굴이 새까매진 형입니다."

아이의 대답에 선생님은 고개를 가로저으며 말했어.

"자, 생각을 조금만 바꿔 보거라."

"선생님, 어떻게 생각을 바꿔요?"

한 아이가 물었고, 선생님은 차근차근 설명해 주었지.

"자, 검댕이가 묻어 새까매진 형은 자신의 얼굴을 볼 수 없다. 다만, 동생의 얼굴은 볼 수 있겠지. 동생의 깨끗한 얼굴을 보고 형은 자신도 깨끗하다고 생각을 할 게다. 그리고 동생은 형의 얼굴을 보고 자신의 얼굴도 새까맣다고 생각할 게다. 자, 그럼 다시 묻겠다. 누가 얼굴을 씻겠느냐?"

아이들은 이제 답을 알았다는 듯이 서로의 얼굴을 보고 씩 웃고는 동시에 대답했어.

"동생이요!"

하지만 선생님은 허허 웃으며 고개를 가로저었지. 아이들은 고개를 갸우뚱거리며 이상하다고 생각했어. 선생님이 먼저 말을 꺼냈어.

"자, 생각을 조금 바꿔 보자니까. 내가 형과 동생이 함께 굴뚝에 들어갔다고 하지 않았느냐? 그런데 형은 검댕이가 묻고, 동생은 검댕이가 묻지 않았다는 게 말이 되느냐?"

"아하! 알겠어요, 선생님!"

한 아이가 벌떡 일어나서 말했지. 아이들과 선생님은 일제히 그 아이에게 시선을 돌렸어. 아이는 대답했지.

"둘 다 새까만 얼굴로 나와야 해요!"

"허허, 이제야 생각이 바뀌었니?"

"네, 선생님!"

아이는 우렁찬 목소리로 대답하고 자리에 앉았지. 선생님은 앉아 있는 아이들에게 말했어.

"두 아이가 굴뚝을 함께 청소했다면 한 사람만 검댕이가 묻을 수는 없단다. 함께 청소를 했다면 한 아이의 얼굴만 깨끗할 수는 없다는 게 탈무드의 가르침이다. 이제 너희도 알겠느냐?"

"네, 선생님!"

"그래, 오늘은 탈무드의 지혜를 배웠으니, 수업은 더 이상 하지 않겠다. 하지만 오늘 딱 하루 만이다."

"네에!"

아이들은 동시에 대답했지.

마무리 태담

아가야, 정말 그러네. 형제가 굴뚝에 같이 들어갔으니 같이 검댕이가 묻어야지. 한 명만 묻는 건 말이 안 되잖아. 우리도 이야기가 다 끝난 다음에 알았지만 말이야. 그런데 아이들은 공부 안 하고 이야기를 들은 거라고 좋아했겠지만, 사실은 공부한 거 같지 않아? 질문하고 답하고, 지혜롭게 생각하면서 공부가 된 거 같은데? 지혜롭게 생각해 보니 그렇지?

5
칭찬 태교

칭찬 태교는 말 그대로 서로를 칭찬하는 태교로, 제가 섬기고 있는 '헬로 베이비 태교학교'에서 개발한 태교입니다. 칭찬은 고래도 춤추게 한다는 말처럼 칭찬을 건네면 무뚝뚝한 사람도 활짝 웃곤 합니다. 자신의 좋은 점, 혹은 자신에 대한 긍정적인 반응을 경험하는 것은 참 즐거운 일이지요. 하지만 부부가 서로 칭찬을 하는 것은 그리 쉽지 않습니다. 그래서 준비했습니다. 서로를 칭찬하며 행복해지는 '칭찬 태교', 우리 한번 실행해 볼까요?

1. 칭찬 태교, 이렇게 하세요!

① 우선 예쁜 편지지 두 장을 준비합니다.

② 편지지 위에 각각 '우리 남편, 칭찬합니다!', '우리 아내, 칭찬합니다!'라

고 제목을 써 주세요.

③ 제목 아래 1~20까지 번호를 매깁니다.

④ 아내와 남편이 나누어 가진 후, 서로에 대한 20가지의 칭찬을 적습니다. 이때, 잔잔한 음악을 틀어 놓으시면 좋습니다.

⑤ 다 적은 후, 교환하세요.

＊주의할 점이 있어요!

① 칭찬을 가장한 비방은 안 됩니다.

> 예 자기 집에만 잘해요, 고기만 잘 먹어요.

② 구체적으로 적어 주세요.

> 예 착해요(×) – 일주일에 한 번 설거지를 해 주는 모습이 제 눈에는 너무 착해요(○)
>
> 사랑스러워요(×) – 아침에 나갈 때 볼에 뽀뽀하는 모습이 사랑스러워요(○)

③ 다 쓴 후에, 핀잔 주지 마세요. 자신이 마음에 안 드는 칭찬이 섞여 있다고 해도 핀잔 주지 마세요. 서로 행복한 기분이 드는 태교를 하기 위해 한 거잖아요. 마무리는 훈훈해야 합니다.

'칭찬 태교'는 한 번으로 끝나지 않아요!

위의 방법대로 서로를 칭찬하는 태교를 했다고 '칭찬 태교'가 끝난 건 아니에요. 임신 기간 동안 계속 이어질 수 있는 방법을 알려드릴게요.

1. 서로의 칭찬을 적은 종이를 냉장고에 붙여 주세요.

칭찬을 적은 종이를 숨겨 두지 마세요. 냉장고나 잘 보이는 곳에 붙여 주시고, 뿌듯한 마음을 표현해 주세요. 잘 보이는 곳에 붙여 두면 가끔 읽어 보게 되는데요, 그럴 때마다 기분이 좋아지는 효과가 있답니다.

2. 서로에게 매일 한마디 칭찬을 주고받아요.

서로에게 매일 한 마디 칭찬을 해 주세요. 아침이나 저녁에 서로의 얼굴을 보면서 하면 가장 좋지만, 그렇게 하는 게 영 부끄럽다고 생각되시는 분은 전화 통화로 하세요. 가장 편안한 시간에 통화를 하고 끊으면서 칭찬을 해 주시면 돼요. 문자로 주고받으셔도 좋아요. 문자로 하실 때는 사랑스러운 이모티콘과 함께 보내시면 더욱 좋겠지요?

3. 배 속 아기에게도 칭찬을 건네 주세요.

  아직 실제로 보지 못한 아기에게 칭찬을 어떻게 하냐고요? 두 가지 방법
이 있어요. 우선 축복의 말을 건네는 거예요. 엄마에게 와 줘서 고마워, 나
를 아빠로 다시 태어나게 해 줘서 고마워, 넌 우리에게 주어진 최고의 축복이
야……. 이렇게 축복의 말을 해 주세요. 두 번째, 병원에서 보거나 알게 된 사
실을 칭찬해 주세요. 넌 심장 소리도 예쁘더라, 꼬물거리는 손가락이 엄청 사
랑스러웠어, 웅크리고 있는 모습도 아름다워…….이렇게 말이에요. 엄마와
아빠의 칭찬을 듣는 아기는 배 속에서 해맑게 웃으며 행복해 할 거예요.

하루 이야기 한 편
우리 아기를 위한 시간

초판 1쇄 펴낸 날 2014년 10월 2일

글 오선화
그림 수아
펴낸이 이종미
펴낸 곳 담푸스
대표 이형도
등록 제395-2008-00024호
주소 (우)410-380 경기도 고양시 일산동구 무궁화로 43-55 성우사카르타워 601호
전화 031)919-8510(편집) 031)911-8513(주문관리)
팩스 0303)0515-8907
메일 dhampus@naver.com
카페 http://cafe.naver.com/dhampusbook
편집 김현정, 유소영
디자인 박정현
마케팅 신기탁
담푸스는 (주)이레미디어의 어린이책 브랜드입니다.

ISBN : 978-89-94449-45-6 13590

이 도서의 국립중앙도서관 출판예정도서목록(CIP)은 서지정보유통지원시스템 홈페이지(http://seoji.nl.go.kr)와
국가자료공동목록시스템(http://www.nl.go.kr/kolisnet)에서 이용하실 수 있습니다. (CIP제어번호 : CIP2014026216)